21世纪全国高等院校设计学专业

21 SHIJI QUANGUO GAODENG YUANXIAO SHEJIXUE ZHUANYE

[规划教材] GUIHUA JIAOCAI

XIANDAI SHINEI KONGJIAN SHEJI YISHU

现代室内空间设计艺术

主 编 矫克华

副主编 李 梅 梁 龙 张 于 王 飞

U0332633

西南交通大学出版社
·成都·

图书在版编目（ＣＩＰ）数据

现代室内空间设计艺术 / 矫克华主编. —成都：
西南交通大学出版社，2014.2
21 世纪全国高等院校设计学专业规划教材
ISBN 978-7-5643-2874-0

Ⅰ . ①现… Ⅱ . ①矫… Ⅲ . ①室内装饰设计－高等学
校－教材 Ⅳ . ①TU238

中国版本图书馆 CIP 数据核字（2014）第 022699 号

21 世纪全国高等院校设计学专业规划教材

现代室内空间设计艺术

主编　矫克华

责 任 编 辑	吴明建
封 面 设 计	墨创文化
出 版 发 行	西南交通大学出版社 （四川省成都市金牛区交大路 146 号）
发 行 部 电 话	028-87600564　028-87600533
邮 政 编 码	610031
网　　　　址	http://press.swjtu.edu.cn
印　　　　刷	四川省印刷制版中心有限公司
成 品 尺 寸	210 mm×285 mm
印　　　张	11.5
字　　　数	250 千字
版　　　次	2014 年 2 月第 1 版
印　　　次	2014 年 2 月第 1 次
书　　　号	ISBN 978-7-5643-2874-0
定　　　价	58.00 元

图书如有印装质量问题　本社负责退换
版权所有　盗版必究　举报电话：028-87600562

《现代室内空间设计艺术》
编写委员会

主　编　矫克华（青岛大学美术学院）

副主编　李　梅（青岛大学环境艺术设计研究院）
　　　　　梁　龙（青岛大学环境艺术设计研究院）
　　　　　张　于（青岛大学环境艺术设计研究院）
　　　　　王　飞（北京建筑大学建筑学院）

编　委　于　斌（山东农业大学园林景观设计系）
　　　　　袁辉国（青岛大学环境艺术设计研究院）
　　　　　柳　杨（武汉职业技术学院建筑工程学院）
　　　　　夏　鹏（青岛大学环境艺术设计研究院）
　　　　　毛文实（武汉职业技术学院建筑工程学院）
　　　　　刘凤林（青岛大学环境艺术设计研究院）
　　　　　陈明洁（河北旅游职业学院）
　　　　　刘　浩（青岛大学环境艺术设计研究院）

　　21世纪是一个经济、信息、科技、文化高度发展的时代，现代室内空间设计已经越来越与人们的生活、工作密切相关，日益受到人们的高度重视。现代室内空间设计作为一门新兴设计学科，亦得到了空前的发展，展现出蓬勃向上的气势。人们对社会的物质和精神生活也提出了更高的要求，对自身所处的相应的生产、生活、娱乐、休闲、购物等环境各方面的因素也提出了更高的要求。这就更加要求设计人员通过现代室内空间设计这一融科学和艺术于一体的学科，提高人们的生活质量和生存价值，展示现代文明的新成果。目前，对环境艺术设计的教学方法进行探讨是很多院校正在进行的研究课题之一，现代室内空间设计是环境艺术设计的一个重要组成部分，其特点决定了学习时更应侧重于设计与实践的过程。尽管现代室内空间设计的发展还只是近数十年的事，但是人们有意识地对自己的生活、生产活动的室内空间进行安排布局，甚至美化装饰，赋予室内环境以特定的氛围，却早已从人类文明初始的时期就存在了。

　　与建筑设计相比，现代室内空间设计是一门相对独立的年轻的学科，其自身发展的历史并不太长，但是，近十年来它在中国得到了极大的发展，几乎所有艺术类的高等院校都将室内设计专业的发展作为优先考虑的问题。而艺术设计教育本身也在发展的过程中不断完善学科建设，同时也对设计教育本身不断提出了新的课题和新的需求，其中当然也包括对不同设计专业方向所需要的，系统的、高质量的，并且符合现代设计教学规律的教材需求。由西南交通大学出版社出版的《现代室内空间设计艺术》便是这方面的一个探索和尝试。书中对现代室内空间设计实践进行了更为理性的思考与总结，对现代室内空间设计的设计概述、发展和基本特征、风格流派、基本原理、空间组织和界面处理、采光与照明、家居与陈设、绿化与庭园设计等方面进行了有益的探索，具有学术的前瞻性、设计实践的实用性、教学的启发性等特点，对提高室内设计师的设计能力和水平，推动行业发展具有显著的促进作用。

　　在此基础之上，本教材再通过结合现代室内空间设计的学科定位、发展历程、设计类型与设计表达，来系统理性地向读者阐述现代室内空间设计的系统理论知识，使读者走近设计实践的最前沿，直接系统地理解与掌握现代室内空间设计。本书是在教学计划、教学大纲、设计案例的基础上，经过教学实践检验不断修改完成的，不仅适应高等院校的本科室内设计教学、高等职业教学，还是职业设计师的专业教材。在编写过程中，教材力求具有鲜明的科学性与时代性，教材中引用了中外一些具有代表性的设计案例，部分作品作者无法查到，敬请谅解并表示衷心的感谢；本教材旨在帮助更多学生全面掌握和了解艺术设计的规律和方法，希望能够帮助他们提升艺术素养，丰富艺术灵感，从而引导他们走进艺术设计之门。书中的遗漏和不当之处，诚请广大读者多提修正与改进意见。我们也期望该系列教材的编纂能够为各设计专业学科建设带来一些新的启示，从而促进我国现代室内空间设计教育的发展。

　　本书是多人努力的结晶，感谢大家从不同角度付出的辛勤劳动！

　　书中部分图片和资料由公司和个人提供，在此表示衷心感谢！本教材配有教学课件，可以加 QQ 286101462 获取。

2013年11月

目 录

现代室内空间设计概述

现代室内空间设计伴随着现代主义建筑的发展逐渐成长起来并成为独立的专业。所有的现代室内空间都是为满足人的各种需求设置的，以人的生活行为方式界定室内设计系统的空间内容，在设计的逻辑思维方面显得更为合理。由于人们长时间地生活活动于室内，所以，应该把保障安全和有利于人们的身心健康作为现代室内空间设计的首要前提。人们对于室内环境除了有使用安排、冷暖光照等物质功能方面的要求之外，还常有与建筑物的类型、性格相适应的室内环境氛围、风格文脉等精神功能方面的要求。现代室内空间设计需要与建筑整体的性质、标准、风格以及与室外环境协调统一。

当前社会是从工业社会逐渐向信息社会过渡的时期，人们对于周围环境，除了要求它能满足使用要求、物质功能之外，更注重对它的环境氛围、文化内涵、艺术质量等精神功能的需求。现代室内空间设计的产生、发展，既是建筑艺术历史文脉的延续和发展，具有深刻的社会发展历史文化内涵，同时也必将极大地丰富人们与室内环境朝夕相处时的精神生活。

第一节 现代室内空间设计的含义与内容

一、现代室内空间设计的含义

现代室内空间设计涵盖的领域十分广阔，不仅包含建筑物的室内设计，也延伸至诸如轮船、车辆和飞行器等的内舱设计。现代室内空间设计作为一门新兴的学科，尽管还只是近数十年的事，但是人们有意识地对自己生活、生产活动的室内进行安排布置，甚至美化装饰，赋予室内环境以特定的气氛，却早已从人类文明初始的时期就已存在。自建筑产生开始，室内设计的发展即同时产生。

1.含义

与建筑设计相比，室内设计是一个较为年轻的学科。有的学者认为，室内设计是对建筑空间的二次设计，是建筑设计的延续，是建筑生活化的再深入。它是对建筑内部围合空间的重构与再造，使之适应特定的功能需要，符合使用者的目标要求，是对工程技术、工艺、建筑本质、生活方式、视觉艺术等方面进行整合的工程设计。这里我们可以把现代室内空间设计简要地理解为：将人们的环境意识与审美意识相互结合，从建筑内部把握空间的一项活动。具体地说就是指根据现代室内空间的使用性质和所处的环境，运用物质材料、工艺技术及艺术的手段，创造出功能合理、舒适美观、符合人的生理和心理需求的内部空间，赋予使用者愉悦的，便于生活、工作、学习的理想的居住与工作环境。从广义上说，室内设计是改善人类生存环境的创造性活动，现代室内设计已经在环境设计系列中发展成为独立的新兴学科。

现代室内空间环境是当今人类社会所特有的环境，它由人生活于其中的各种条件、关系、意识形态以及经过改造的自然等因素构成。现代室内空间设计决定着人的社会化程度，决定着人身心发展的内容、方向和水平。现代室内空间设计往往能从一个侧面反映这个时期社会物质和精神生活的特征，并且还和这个时期的哲学思想、美学观点、社会经济、民俗民风等密切相关。现代室内空间设计水平的高低、质量的优劣又都与设计者的专业素质和文化艺术素养等联系在一起。至于各个单项设计最终实施后成果的品位，又和该项工程具体的施工技术、用材质量、设施配置情况，以及与建设者的协调关系密切相关。

现代生活中，人们的行为无时无刻不与周围的环境产生联系，大到自然环境、城市环境，小到居住环境、工作环境、娱乐休闲环境等。人的一生中有超过三分之二的时间是在建筑的室内空间中度过的，室内环境由此成为整个环境体系中不可或缺的重要组成部分，直接影响着人们的生活品质。因此，在设计构思时，设计者既需要运用物质技术手段，即各类装饰材料和设施设备等，还需要遵循建筑美学原理，这是因为室内设计的艺术性，除了有与绘画、雕塑等艺术之间共同的美学法则（如对称、均衡、比例、节奏等）之外，作为"建筑美学"，更需要综合考虑使用功能、结构施工、材料设备、造价标准等多种因素。建筑美学总是和实用、技术、经济等因素联结在一起，这是它有别于绘画、雕塑等纯艺术的差异所在。

2. 室内设计与建筑设计

室内设计是一门发展极为迅速的学科，它与建筑设计，工业设计，环境设计等有着十分密切的关系。如果将室内设计与建筑设计进行比较我们会发现，室内设计更着重人性化和生活的层面。美国当代著名建筑师、建筑理论家文丘里说过："室外和室内的使用及空间的力量交汇之时，就是建筑的开始。"对室内设计与建筑设计的关系的理解，从不同的视角、不同的侧重点来分析会得到不少具有深刻见解，值得我们仔细思考和借鉴。

国外建筑师普拉特纳（W. Platner）则认为："室内设计比设计包容这些内部空间的建筑要困难得多，这是因为室内设计师必须更多地同人打交道，研究人们的心理因素以及如何能使他们感到舒适、兴奋。经验证明，它比同结构、建筑体系打交道要费心得多，也要求有更加专门的训练。"

我国的《辞海》把室内设计定义为："对建筑内部空间进行功能、技术、艺术的综合设计。根据建筑物的使用性质（生产或生活）、所处环境和相应标准，运用技术手段和造型艺术、人体工程学等知识，创造舒适、优美的室内环境，以满足使用和审美要求。"

我国的《中国大百科全书——建筑·园林·城市规划卷》则把室内设计定义为："建筑设计的组成部分，旨在创造合理、舒适、优美的室内环境，以满足使用和审美的要求。室内设计的主要内容包括：建筑平面设计和空间组织、围护结构内表面（墙面、地面、顶棚、门和窗等）的处理，自然光和照明的运用以及室内家具、灯具、陈设的选型和布置。此外，还有植物、摆设和用具等的配置。"

广义地讲，建筑设计和室内设计都属于建筑学的范畴，它们之间不可能截然分开。从某种意义上说，当今建筑设计和室内设计的分工是一种具有哲理性的分工，也是工程设计阶段性的分工。建筑设计主要把握建筑的总体构思、创造建筑的外部形象和合理的空间关系，而室内设计主要专注于对特定的内部空间（有时也包括车、船等内舱空间）的功能问题、美学问题、心理效应问题的研究以及内部具体空间特色的创造。

尽管建筑设计和室内设计有许多共同点，如都要满足建筑使用功能，包括物质和精神功能的要求，都要受到经济、技术条件的制约，在设计过程中都要考虑一定的构图法则、形式美法则和符合视知觉与审美的规律性，都要考虑材料的特性与使用方法等。但是建筑设计和室内设计又各有特点，主要表现为以下两点：

首先，建筑设计主要涉及建筑的总体和综合关系，包括平面功能的安排、平面形式的确定、立面各部分比例关系的推敲和空间体量关系的处理，同时也要协调建筑外部形体与城镇环境、与内部空间形态的关系。室内设计是对具体的空间环境进行处理，设计时更加重视特定环境的视觉和生理、心理反应，主要通过内部空间造型、室内照明、色彩和装修材料的材质设计来达到这些要求，创造尽可能完美的时空氛围。所以两者关注的重点有所不同，涉及的尺度也有所不同。

其次，建筑设计是室内设计的前提，室内设计是建筑设计的继续和深入。两者按工作阶段划分，以建筑工程的构架完成为界限，之前为建筑设计，之后为室内设计。对于已建成的

建筑实体进行室内设计或内部改造设计则是以建筑整体作为前提条件的内部空间环境设计。室内设计能对建筑设计中的缺陷和不足加以调整和补充，一般来说，建筑是长期存在的，设计时难以完全适应现代人不断变化的生活工作状况，而室内设计的更新周期比较短，可以通过内部空间的再创造而赋予建筑物以个性，使之适应时代发展的新要求。

二、现代室内空间设计的内容

室内环境的内容，涉及由界面围成的包括空间形状、空间尺度等的室内空间环境，室内声、光、热环境，室内空气环境等室内客观环境因素。由于人是室内环境设计服务的主体，从人们对室内环境身心感受的角度来分析，主要有室内视觉环境、听觉环境、触感环境、嗅觉环境等，即人们对环境的生理和心理的主观感受，其中又以视觉感受最为直接和强烈。客观环境因素和人们对环境的主观感受，是现代室内环境设计需要探讨和研究的主要问题。

室内环境设计需要考虑的方面很多，从事室内设计的人员虽然不可能全部掌握这些内容，但是应尽可能熟悉有关的基本内容，了解与该室内设计项目关系密切、影响最大的环境因素，使设计时能主动和自觉地考虑诸项因素，也能与有关工种专业人员相互协调、密切配合，有效地提高室内环境设计的内在质量。

现代室内空间设计，也称现代室内环境设计，所包含的内容和传统的室内装饰相比，涉及的面更广，相关的因素更多，内容也更为深入。

第一，室内空间的组织、调整、创造或再创造。室内设计的空间组织，包括平面布置，

首先需要对原有建筑设计的意图充分理解，对建筑物的总体布局、功能分析、人流动向以及结构体系等有深入的了解，在室内设计时对室内空间和平面布置予以完善、调整或再创造。即对所需要设计的建筑的内部空间进行处理，组织空间秩序，合理安排空间的主次、转承、衔接、对比、统一；在原建筑设计的基础上完善空间的尺度和比例，通过界面围合、限定及造型来重塑空间形态。（图1-1-1）。

附带需要指明的一点是，界面处理不一定要做"加法"。从建筑物的使用性质、功能特点方面考虑，一些建筑物的结构构件，也可以不加装饰，作为界面处理的手法之一，这正是单纯的装饰和室内设计在设计思路上的不同之处，如网架屋盖、混凝土柱身、清水砖墙等。

第二，功能分析、平面布局与调整。就是根据既定空间的使用人群，从年龄、性别、职业、生活习俗、宗教信仰、文化背景等多方面入手分析，确定其对室内空间的使用功能要求及心理需求，从而通过平面布局及家具与设施的布置来满足物质及精神的功能要求。（图1-1-2）

第三，界面设计，是指对于围合或限定空间的墙面、地面、天花等的造型、色彩、材质、图案、肌理等视觉要素进行设计，同时也需要很好地处理装饰构造，通过一定的技术手段使界面的视觉要素以安全合理、精致、耐久

图1-1-1 日本武藏野艺术大学图书馆

图1-1-2 斯图加特城市图书馆

图1-1-3 青岛希尔顿大酒店

的方式呈现。室内空间界面处理，是确定室内环境基本形体和线形的设计内容，设计时以物质功能和精神功能为依据，考虑相关的客观环境因素和主观的身心感受。（图1-1-3）

第四，室内物理环境设计。这是现代室内设计中极其重要的一个内容，是确保室内空间与环境安全、舒适、高效利用必不可少的一环。随着科技的发展及在建筑领域的应用拓展，它将越来越多地提高人们生活、工作、学习、娱乐的环境品质。即为使用者提供舒适的采暖、通风、空气调节等室内气候环境，采光、照明等光环境，隔音、吸声、音质效果等声环境，以及为使用者提供安全的防盗报警、门警、闭路电视监视、安保巡更系统、火灾报警与消防联动系统、紧急广播和紧急呼叫等系统，为使用者提供便捷性服务的结构化综合布线、信息传输、通信网络、办公自动化系统，物业管理系统等。（图1-1-4）

第五，室内的陈设艺术设计，包括家具、灯具、装饰织物、艺术陈设品、绿化等的设计或选配、布置，相对地可以脱离界面布置于室内空间里，在室内环境中，实用和观赏的作用都极为突出，通常它们都处于视觉中显著的位置。在当今的室内设计中，陈设艺术设计起到软化室内空间、营造艺术氛围、体现个性化品味与格调的作用，并且往往是整体装饰效果中画龙点睛的一笔。（图1-1-5）

以上五个方面的内容对于室内设计来说并不是孤立存在的，而是相互影响、互为依存的，是一个有机联系的整体：光、色、形体让

图1-1-4 弘元国际酒店

图1-1-5 青岛规划展览馆

人们能综合地感受室内环境，光照下界面和家具等是色彩和造型的依托"载体"，灯具、陈设又必须和空间尺度、界面风格相协调。例如，在研究室内空间的组织、塑造其空间形态时，应该同时进行功能分析，并使室内空间在满足一定的使用要求的同时，尽可能地体现艺术审美价值和文化内涵。又如，空间的立体造型是靠地面、墙面、顶面等界面围合或限定而成的，所以界面的设计直接影响到整个空间的视觉形象。再如，空间的色彩设计是以装饰材料为物化介质来表现的，光环境又会改变色彩的真实感和表现力，对空间感又能起到扩大或缩小、活跃或压抑、温暖或冷静等感性作用。因此，室内设计无疑是对建筑内部空间所涵盖的众多元素的综合设计和再创造。

第二节 现代室内空间设计的特征和分类

一、现代室内空间设计的特征

现代室内空间设计的关键是创造与组织建筑内部的室内空间，合理分布空间功能，同时让其分区的布局与设计具备美学的艺术美感，满足人类的精神与物质需求。现代室内设计是在更深层次上设计生活，既是社会生活方式的体现，也是个体生活方式的反映，既反映使用者的个性，也反映设计师的风格，从而使室内设计呈现极为丰富多彩的面貌。它从创造出满足现代功能、符合时代精神的要求出发，强调需要确立下述的一些基本特征。

1. 目的性

以满足人的需求为出发点和目标，以满足人和人际活动的需要为核心。室内设计的目的是通过创造室内空间环境为人服务，设计者始终需要把人对室内环境的需求，包括物质使用和精神两方面放在设计的首位。现代室内设计是一项综合性极强的系统工程，但是现代室内设计的出发点和归宿只能是为人和人际活动服务，应将"以人为本"的理念贯穿设计的全过程。现代室内设计需要满足人们的生理、心理等要求，需要综合地处理人与环境和人际交往等多项关系，需要在为人服务的前提下，综合满足使用功能、经济效益、舒适美观、环境氛围等种种要求。设计及实施的过程中还会涉及材料、设备、定额法规以及与施工管理的协调等诸多问题。

2. 物质性

室内环境的实现是以视觉形式为表现方式，以物质技术手段为依托和保障，特别离不开材质、工艺、设备、设施等的物质支持。科技的进步为设计师和业主提供了更多的选择，从而有可能带来室内设计的变革。（图1-2-1）

3. 科学性与艺术性

从建筑和室内发展的历史来看，具有创新精神的新的风格的兴起，总是和社会生产力的发展相适应。社会生活和科学技术的进步，人们价值观和审美观的改变，促使室内设计必须充分重视并积极运用当代科学技术的成果，包括新型的材料、结构构成和施工工艺，以及创造良好声、光、热环境的设施设备。（图1-2-2）现代室内空间设计的科学性，除了在

图1-2-1 西雅图中央图书馆

图1-2-2 上海玻璃博物馆

图1-2-3 上海玻璃博物馆

4. 综合整体性

现代室内空间设计各要素相互影响、互为依存、共同作用，既要考虑人与空间、人与物、空间与空间、物与空间、物与物之间的相互关系，又要把握技术与艺术、理性与感性、物质与精神、功能与风格、美学与文化、空间与时间等诸多层次的协调与整合。这就要求室内设计师不仅仅具备空间造型能力，或是功能组织能力，更需要有多方面的知识和素养。同时，室内设计是环境艺术链中的一环，设计师应该培养并加强环境整体观。

5. 动态的可变性

建筑的室内环境随着时间的推移，在使用功能、使用对象、审美观念、环境品质标准、配套设施设备、相应规范等多方面都有可能发生变化，因而室内设计呈现出周期性更替的动态可变性。

二、现代室内空间设计的分类

室内设计既涉及个人的空间，也涉及公共的空间，通过室内空间及其界面的处理，以家具陈设的布局与装饰等来满足生活的需求，表达设计师的理想和追求。室内设计的形态范畴可以从不同的角度进行界定、划分。从与建筑设计的类同性上，一般分为：居住建筑室内设计、公共建筑室内设计、工业建筑室内设计和农业建筑室内设计四大类。但根据其使用范围来分类，概括起来可以分为两大类：人居环境设计（亦称家庭装潢设计，简称家装设计）和公共空间设计（亦称公共建筑装饰装修设计，简称工装设计），其中公共空间设计包括限制性空间和开放性空间的设计，按使用性质分为：办公建筑、商业建筑（图1-2-4）、展览建筑（图

设计观念上需要进一步确立以外，在设计方法和表现手段等方面，也日益受到重视，设计者已开始认真地以科学的方法，分析和确定室内物理环境和心理环境的优劣，并已运用电子计算机技术辅助设计和绘图。贝聿铭先生早在20世纪80年代在中国讲学时所展示的华盛顿艺术馆东馆室内透视的比较方案，就是以电子计算机绘制的，这些精确绘制的非直角的形体和空间关系，极为细致真实地表达了室内空间的视觉形象。另一方面，室内设计是为人服务的，所以也决定了它应具备创造性与现实性。室内设计的过程和结果均通过一定的艺术表现形式来体现一定的审美情趣，创造出具有艺术表现力和感染力的空间及形象，视觉的愉悦感和文化内涵是室内设计在心理和精神层面上的要求。（图1-2-3）

图1-2-4 The ThyssenKrupp Quarter，德国

图1-2-5 高黎贡山手工造纸博物馆，云南腾冲

图1-2-6 中国国家大剧院

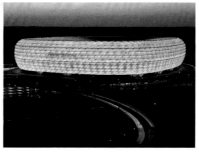

图1-2-7 慕尼黑安联球场

图1-2-8 火车站，天津西站

1-2-5）、旅游建筑、医疗与保健康复类建筑、文化教育建筑、观演建筑（图1-2-6）、体育竞技与休闲运动建筑（图1-2-7）、交通建筑（图1-2-8）等类别。

由于室内空间使用功能的性质和特点不同，各类建筑主要房间的室内设计对文化艺术和工艺过程等方面的要求，也各自有所侧重。室内空间环境按建筑类型及其功能的设计分类，其意义主要在于：使设计者在接受室内设计任务时，首先明确所设计室内空间的使用性质，即所谓设计的"功能定位"，这是由于室内设计造型风格的确定、色彩和照明的考虑以及装饰材质的选用，无不与所设计的室内空间的使用性质，和设计对象的物质功能和精神功能紧密联系在一起。

不同性质的建筑及使用人群对其室内空间的具体使用和审美要求存在显著的差异，就造成了室内设计行业的从业单位及个人在设计方向上的细分。就整个市场细分来说，住宅类室内设计主要是为以家庭为单位的客户提供市区住宅或公寓、别墅、度假屋，抑或兼有家庭办公功能的Loft等的室内设计及装修服务。以直接面对特定的、少量的、结构相对稳定的使用对象为特征，设计过程中需要与客户保持密切的联系，力求设计满足客户的具体需求，体现其生活方式和情趣。非住宅类室内设计的业主多为公司、团体，空间的使用人群虽然一般在范围上有所指向，但相对是模糊的，存在很大的不确定性和可变性。因此除了必要的与业主沟通外，设计师需要更多地运用专业知识和创意为使用人群进行规划和设计。此类设计更大程度地依赖设计师的能力来塑造内部空间环境的品质，整个工程实施过程中的质量与效果控制也更受关注，结合国家和地方的各项相关法规和规范也更密切。非住宅类室内设计项目由于投资造价一般较高，业主都希望尽可能多地比较设计方案与设计团队的业务运作能力，往往采取设计招投标的方式，进行方案的公开遴选和项目实施计划、设计费用等方面的比较。

各类建筑中不同类型的建筑之间，还有一些使用功能相同的室内空间，例如：门厅、过厅、电梯厅、中庭、盥洗间、浴厕，以及一般功能的门卫室、办公室、会议室、接待室等。当然在具体工程项目的设计任务中，这些室内空间的规模、标准和相应的使用要求还会有不少差异，需要具体分析。

第三节 现代室内空间设计与设计师

现代室内空间设计是社会生活以及经济、政治、伦理、科学和技术的综合物化，也是时代精神的整体表现。它是指运用一定的物质技术手段与经济能力，根据对象所处的特定环境，对内部空间进行创造与组织，形成安全、卫生、舒适、优美、生态的内部环境，满足人们的物质功能需要与精神功能需要。在现代社会中，人们的生活体验在很大程度上与室内设计相关，室内空间是人们所无法回避的主要生活环境，现代室内空间设计反映了人们的生活品质和人们的素养。现代室内空间设计的对象并不总是局限在建筑物内部，诸如飞机、轮船等的内舱设计，也带有强烈的室内设计特征，也应该属于室内设计的范畴。现代室内设计的内涵比"室内装饰""室内装潢""室内装修"更为广泛，与建筑设计有着紧密的关系。

一、室内设计师

当今的室内设计师是专门从事现代室内空间设计的专业人员，合格的室内设计师应该受过良好的教育，具备丰富的想象力和社会洞察力，同时又有深厚的生活体验，既能处理艺术问题，又能控制技术细节，既是艺术家，又是工程师。鉴于项目本身对室内设计师的要求以及室内设计行业的分工状况，现代室内设计师应该具备以下基本的专业知识和技能：

（1）与业主的沟通能力。要求通过交流，一方面能领会业主的需求，掌握业主的审美倾向和价值观，另一方面能用语言、专业图纸和专业绘画向业主清晰地表达设计方案、预想效果、用材、用色、设计细节。

（2）理性分析、优化设计方案的能力。要求设计师在前期调研、方案设计过程中能及时整理归纳各种信息，通过理性分析，掌握建筑单体设计和环境总体设计的基本信息，特别是对建筑单体功能、平面布局、空间组织、形体设计的分析。在功能布局、空间造型、动线组织、界面处理、色彩与材质搭配、光环境塑造等方面，进行可行方案的比较，从而获得最佳方案。

（3）协调各设备工种的能力。当代的建筑体系早已超越了仅为使用者提供遮风挡雨、有安全性的功能空间的阶段，而是更关注建筑使用者的身心健康、卫生及安全，建筑的使用效能和内部环境品质，以及建筑内外部环境的关系，因而当代建筑，特别是公共建筑和大体量建筑都有着众多而复杂的设备系统。这就要求室内设计师应了解各种建筑设备系统的运作原理，掌握它们对建筑空间的要求和影响，能够从全局上协调暖通、给排水、电气各设备工种的设计方案，提出优化造型的建议，帮助合理化各设备系统，从而获得更多的空间设计灵活性。

（4）熟悉建筑和装饰材料，掌握创造性运用材料来表现空间、赋予界面意义的能力。材料不再仅仅是室内环境客观存在的一种物质载体，而是已经成为设计师的一种富有表现力的创作语汇。任何一个设计方案最终要被建造出来，必须落实到具体的材料选用上。现代材料科学的发展，带来建材新品层出不穷，给设计师和业主更多的选择余地。设计师应该主动扩大对新型建材的了解，掌握各种建材的特点、适用条件、装饰效果、大致的价格范围和相应的施工工艺要求等，根据业主的预算和既定的设计风格来选择搭配合适的材料，赋予空间特定的表情。另外，设计师对建材运用方式的合理再创造，也许能带来令人惊喜的空间新意。

（5）指导施工队伍、监督施工质量的能力。设计的理念和效果最终要靠施工人员依据施工图纸和现行的施工工艺标准来实现，施工人员的素质良莠不齐，对设计单位提供的施工图纸的理解能力有强弱之分，施工技术和经验也因人而异。虽然很多项目的质量控制主要由项目经理、监理来负责，但设计师也扮演着至关重要的角色。设计师应经常深入施工现场，把设计意图向施工人员作详细介绍，帮助他们理解施工图纸；就重要部位的节点构造做法进行交流，确保从工艺上达到高品质。有时现场实际情况和设计图纸会出现偏差，这也需要设计师来及时调整，而不能由施工队伍自行解决。

（6）运用软装饰来营造一定的室内氛围，改善或美化整体视觉效果的能力。软装饰设计包括家具或灯具的设计和选配，窗帘布幔的造型设计与材料选用，地毯的选配，软包织物及床上用品的选配，装饰、陈设品的选配，室内绿化及景观小品的设计和搭配等。当代室内设计已把绿色设计、低碳设计等可持续发展观念融入其中，并作为一项重要内容加以大力推行，从而推动"轻装修，重装饰"观念为越来越多的业主和室内设计师所接受。大多数的软装饰是可以随主人的搬迁而被运到别处加以重新利用的；同时，软装饰在很大程度上有助于形成一定的风格，使得哪怕是同一标准装修的全装修房最终呈现出个性化的品味和特征。

（7）综合各种艺术与设计门类，"为我所用"的能力。室内设计是艺术和技术相结合的行业，从业的设计师不仅需要具备各种专业知识和技能，还应该具有较高的综合艺术素养，有敏锐的感知和捕捉艺术信息的能力，能从平面设计、产品设计、数码动画设计、服装设计、首饰设计、油画、雕塑、版画、国画、书法等各种设计与艺术学科的积淀和发展中汲取养料，创造性地把艺术的感染力渗透到室内空间环境艺术设计中去，这样设计才是真正有血有肉的。

总之，要成为一个室内设计师并不容易，而要成为一位成功的室内设计师就更加困难了。系统的专业教育不仅是为了培养合格的从业人员，更重要的是培养专业学习者具备较高的综合艺术素养和发展潜能，增强帮助业主发现问题、分析问题、解决问题的能力，并能探索和引领新的有益的生活方式。

二、室内设计师与其他专业人员的关系
1.室内设计师与建筑师
建筑师创造的是建筑物的总体时空关系，

而室内设计师创造的是建筑物内部的具体时空关系，两者之间有着十分密切的关系。一名合格的建筑师应该对室内设计有深刻的了解，在建筑物的方案构思中对建成后的内部空间效果作充分的考虑，为今后室内设计师的创作提供条件。事实上，不少建筑师本身就是合格的室内设计师，往往在设计时一气呵成，使建筑设计与室内设计成为一个完整的整体。

同样，一名合格的室内设计师也应该具有相当的建筑设计知识。在设计前，应该充分了解建筑师的创作意图，然后根据建筑物的具体情况，运用室内设计的手段，对内部空间加以丰富与发展，创造出理想的内部环境。

2. 室内设计师与相关的艺术创作设计人员

两者都从事为人们的生活创造美的工作，都需要具备一定的艺术素养，都需要掌握相应的造型规律。然而，两者的工作对象有所不同。艺术创作设计人员从事的工作范围比较广泛，涉及广告设计、产品设计、字体设计、环境小品设计等诸多工作；室内设计师的工作范围比较集中，主要从事内部环境（含车、船等内舱设计）或部分室外立面装修的设计工作。

三、室内设计师的职业教育

当经过专业学习和培训的设计师走上工作岗位，开始承接室内设计及其相关业务的时候，也就意味着他职业生涯的起步，接下去面对的就是检验学习阶段的成果是否能满足实际工作的需要，如何在设计实践中提高自身的专业素养和能力、接受新的专业信息，适应不断更新的设计要求，设计出更好的作品，获得事业上的成功。为了达到这一目的，应该了解一下室内设计入行的职业准备、设计师应该具备的职业道德，以及室内

设计师的职业发展前景。

1. 职业准备

俗话说，"行有行规"。当接受过系统专业课程训练的室内设计专业毕业生要正式从事室内设计工作，并独当一面时，他需要做一些必要的职业准备。

（1）参加资格考试，获得相关证书。虽然证书并不一定能证明一个人的真正学识和能力，但不可否认，由国家指定的专业机构所组织的执业资格认定考试，是确保通过考试的设计师达到从事室内设计职业最低标准的一个有效的方式，并且资格考试制度能规范设计市场的有序化竞争，确保设计师能更好地服务于社会。室内设计师执业资格考试是国际上通行的方法，要想获得"室内设计师"这一称号，必须通过资格考试、经过认定获得国家认可的执照。在我国，它目前是以技术岗位证书的形式出现的，被国家认可的相关室内设计行业的技术岗位有：

1）由中国建筑装饰协会认定并颁发证书的高级室内建筑师、室内建筑师和助理室内建筑师；

2）由中国建筑装饰协会认定并颁发证书的高级住宅室内设计师、住宅室内设计师；

3）由国家劳动和社会保障局鉴定并颁发职业资格证的高级室内装饰设计员（师）、中级室内装饰设计员（师）、职业室内装饰设计员。

另外，我国的专业室内设计人员也可参加国际注册室内设计师协会（IRIDA）的认证。

（2）加入行业协会，通过定期培训获得进步。获得了资格证书或者技术岗位证书，并不意味着就永远是个合格的室内设计师，因为人类对建筑室内空间的需求和专业的发展是无

限的。这就要求设计师应该具有随时代的发展和社会的进步而获得提高的途径。那么加入室内设计行业协会或装饰装修行业协会，参加协会举办的进修课程就是必要的。当然颁发资格证书或者技术岗位证书的机构也会定期开办学习班，确保持证者的业务水准能跟上专业的发展。

（3）密切与相关领域里的专业人士的联系，在必要时获得团队合作的可能。室内设计师的工作不是闭门造车，从设计项目的前期开始到交付使用，设计师需要来自各方面的支援：建筑设计师、结构工程师和风水电设备工程师能在大型公共项目中提供专业设计力量；具有资质的施工单位能对施工结果承担法律责任；高水平的技术工人能保证达到预期的设计效果和质量，也可以适时提出改进设计的建议；材料、设备和家具供应商可以为设计提供更多的新材料、新设备。设计师应和他们保持良好的联系，在必要时进行整合，获得优化效能。

2. 职业道德

（1）室内设计师设计的虽然是空间环境，但使用者是人，所以设计师必须具有"为人服务""以人为本"的基本信条。

（2）室内设计是一项比较繁琐而又细致入微的工作，可能在整个过程中需要经常修改、调整，"没有最好，只有更好"，所以要求设计师要有足够的耐心和毅力去关注每一个细节，非常敬业地、有始有终地做好设计及相关服务。

（3）室内设计项目一般都会签订委托设计合同（协议），这不仅仅是确保设计师合法权益的法律文件，也是要求设计师履行其中所规定的服务内容和完成期限的条款。设

计师应该要有法律意识，认真执行。

（4）很多室内设计项目需要经过设计招投标，中标后才能获得。设计师应自觉抵制不良的幕后交易行为，通过合法的公平竞争谋取利益。

（5）室内设计师需要参与主要装修材料、设备、家具等的选型、选样、选厂，应本着对业主负责、对项目负责的态度，科学、合理、公正地给予专业上的建议，不得利用这类机会收受回扣或好处。

（6）尊重其他设计师的专利权，不抄袭和照搬别人的创意和形式，倡导有针对性的原创设计。

3. 职业前景

城市化的推进、社会财富的不断积累和人们的生活水平的提高，给房地产和建筑市场的发展带来了持续的后劲，室内设计将随之有很长时间的活跃期，能给从业设计师提供良好的实践机会。与此同时，正如社会的分工越来越细，室内设计领域的市场也不断在细分。随着科学技术与现代建筑环境相结合，建筑物内部功能、设备变得越来越复杂，要求也越来越高，这将促进室内设计行业的进一步细分。对某一类设计领域的专业化设计，将有助于设计师掌握更多的专业知识，积累更多的同类经验，也更有助于团队合作、提高效率和市场竞争力。因此，室内设计师在设计实践中应有意识地定向收集信息和参加专业学习，培养自己成为某一领域的"专业设计师"，甚至成为专家。

现代室内空间设计的历史、现状和趋势

第一节 国内外现代室内空间设计的历史和发展

自从人类有建筑以来，就有了室内空间。从主动地对建筑内部空间进行布局和装饰的角度来说，室内设计的历史可以上溯到史前时期。在漫长的人类发展史当中，室内设计与建筑设计一起，成为人类生活、信仰、思想的最佳载体和诉求对象。下面我们将按照历史年代的顺序来系统地展现室内设计发展脉络，介绍室内设计的演化历程。

一、国内发展概况

原始社会西安半坡村的方形、圆形居住空间，已考虑按使用需要将室内作出分隔，使入口和火坑的位置布置合理，方形居住空间近门的火坑安排有进风的浅槽，圆形居住空间入口处两侧，也设置起引导气流作用的短墙。（图2-1-1）（图2-1-2）

早在原始氏族社会的居室里，已经有人工做成的平整光洁的石灰质地面，新石器时代的居室遗址里，还留有修饰精细、坚硬美观的红色烧土地面，即使是原始人穴居的洞窟里，壁面上也已绘有兽形和围猎的图形，也就是说，即使在人类建筑活动的初始阶段，人们就已经开始对"使用和氛围""物质和精神"两方面

的功能同时给予关注。

从出土遗址显示，商朝的宫室，建筑空间秩序井然，严谨规正，宫室里装饰着朱彩木料，雕饰白石，柱下置有云雷纹的铜盘。及至秦时的阿房宫和西汉的未央宫，虽然宫室建筑已荡然无存，但从文献的记载，从出土的瓦当、器皿等实物的制作，以及从墓室石刻精美

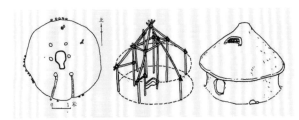

图2-1-1 原始社会西安半坡村的居住空间

图2-1-2 半坡村方形居住空间——半坡遗址所保存的远古人类居住场所多为干栏式建筑，由木材和茅草搭建，屋中设有火塘以供取暖熟食，极易引发火灾。

13

的窗棂、栏杆的装饰纹样来看，毋庸置疑，当时的室内装饰已经相当精细和华丽。

春秋战国的建筑平面日渐多样，仅居住建筑就有圆形、方形、矩形、亚字形、回字形等，此时的建筑中中柱消失，开间已经变为奇数，而且空间的功能分区也越来越受到重视，回廊和庭院式布局已经普及，高台建筑又开始兴起。此时的"台"一般用夯土分层筑成，台呈阶梯状，逐层收小，台顶建造建筑。

秦汉风格的代表主要是都城、宫室、陵墓和礼制建筑。其特点是：都城区划规则，居住里坊和市场以高墙封闭；宫殿、陵墓都是很大的组群，其主体为高大的团块状的台榭式建筑；重要的单体多为十字轴线对称的纪念型风格，尺度巨大，形象突出；屋顶很大，曲线不显著，但檐端已有了"反宇"；雕刻色彩装饰很多，题材诡谲、造型夸张、色调浓重；重要建筑追求象征含义，虽然多有宗教性内容，但都能为人们所理解。秦汉建筑奠定了中国建筑的理性主义基础，伦理内容明确，布局铺陈舒展，构图整齐规则，同时表现出质朴、刚健、清晰、浓重的艺术风格。秦汉建筑规模宏大，类型繁多，风格朴拙、豪放，已初步具备中国传统建筑的特征。（图2-1-3）

三国两晋南北朝，是中国历史上少有的分裂、纷乱与复杂变革的时代。这个时期佛教建筑、石窟建筑发展迅速，砖瓦也应用得更加广

图2-1-3 未央宫复原图

图2-1-4 大唐芙蓉园

泛。此时的建筑，多在墙上、柱上及斗拱上面作涂饰，流行的设色方法是"朱柱素壁""白壁丹楹"。这种设色方法背景平素、红柱鲜明，靓丽而不失古朴，故也为后来的建筑所沿用。魏晋南北朝时期，起居形式多样化。北方十六国时期，西北少数民族大量进入中原，垂足而坐的方式渐盛，也逐渐出现了一些垂足而坐的高坐具。

隋唐时期建筑特点是，都城气派宏伟，方整规则；宫殿、坛庙等大组群建筑序列恢阔舒展，空间尺度很大；建筑造型浑厚，轮廓参差，装饰华丽；佛寺、佛塔、石窟寺的规模、形式、色调异常丰富多彩，表现出中外文化密切交汇的新鲜风格。（图2-1-4）隋唐五代是我国家具史上一个变革的时期，它上承秦汉，下启宋元，既融合了国内各个民族的文化，又大胆吸收了外来文化的优点。唐代是我国高低型家具并行的时期，高型家具在原来的基础上又有较大的发展。隋唐五代的装饰纹样题材丰富、格调明朗、构图严谨，与此前的纹样相比，具有更强的生活气息。

中国建筑终于在清朝盛期（18世纪）形成最后一种成熟的风格。其特点是，城市仍然规格方整，但城内封闭的里坊和市场变为开敞的街巷，商店临街，街市面貌生动活泼；城市中或近郊多有风景胜地，公共游览活动场所增多；重要的建筑完全定型化、规格化，但群体

图2-1-5 乾清宫

序列形式很多，手法很丰富；民间建筑、少数民族地区建筑的质量和艺术水平普遍提高，形成了各地区、各民族的多种风格；私家和皇家园林大量出现，造园艺术空前繁荣，造园手法日渐成熟。总之，盛清建筑继承了前代的理性精神和浪漫情调，按照建筑艺术特有的规律最终形成了中国建筑艺术成熟的典型风格——雍容大度，严谨典丽，肌理清晰，又富有人情趣味。（图2-1-5）

在1911年至1949年这段时间内，建筑风格变化非常之快。其间，既有与西方建筑风格平行发展的一般类型，也有受中国本土社会文化制约的特殊类型。从艺术特征来看，后者无疑更具有典型的美学价值。也就是说，新内容、旧形式和中外建筑形式能否结合、怎样结合，一直是近代建筑风格变化的主线。寻求时代风格与民族风格相结合的道路，一直是建筑艺术创作的主题。

1949—1978年，人民的生活水平还很低，建筑理论和建筑创作几乎停滞，这个时期的建筑基本上是国计民生急需的，如1952年建造的北京和平宾馆、北京儿童医院等。直到1978年十一届三中全会以后，国民经济才得到迅速的恢复和发展。伴随着大量住宅建筑的出现，住宅室内设计日益普及，这在我国室内设计发展史上有着重大意义，它标志着室内设计已不再为少数大型公共建筑所专有，而是深入到社会的各个阶层，与广大人民群众的关系更加密切。

我国各类民居，如北京的四合院、四川的山地住宅、云南的"一颗印"、傣族的干栏式住宅以及上海的里弄建筑等，在体现地域文化的建筑形体和室内空间组织的特点，在建筑装饰的设计与制作等许多方面，都有极为宝贵的可供我们借鉴的成果。

二、国外发展概况

公元前古埃及贵族宅邸的遗址中，抹灰墙上绘有彩色竖直条纹，地上铺有草编织物，配有各类家具和生活用品。古埃及卡纳克的阿蒙（Amon）神庙，庙前雕塑及庙内石柱的装饰纹样极为精美，神庙大柱厅内硕大的石柱群和极为压抑的厅内空间，正是符合古埃及神庙所需的森严神秘的室内氛围，是神庙的精神功能所需要的。（图2-1-6）

古代希腊和罗马创立的建筑艺术确立了西方建筑艺术的科学规范、力学形制和艺术原则，对世界建筑艺术和室内设计的发展产生了深远的影响，时至今日仍被视为世界建筑艺术的经典。古希腊和罗马在建筑艺术和室内装饰方面已发展到很高的水平。古希腊雅典卫城帕提农神庙的柱廊，起到室内外空间过渡的作

图2-1-6 埃及阿蒙神庙壁画

用，精心推敲的尺度、比例和石材性能的合理运用，形成了梁、柱、枋的构成体系和具有个性的各类柱式（图2-1-7）。古罗马庞贝城的遗址中，从贵族宅邸室内墙面的壁饰，铺地的大理石地面，以及家具、灯饰等加工制作的精细程度来看，当时的室内装饰已相当成熟。古罗马万神庙室内高旷的、具有公众聚会特征的拱形空间，是当今公共建筑内中庭设置最早的原型。（图2-1-8）

欧洲中世纪和文艺复兴以来，哥特式、古典式、巴洛克和洛可可等风格的各类建筑及其室内设计均日臻完美，艺术风格更趋成熟，历代优美的装饰风格和手法，至今仍是我们创作时可供借鉴的源泉。（图2-1-9）

1919年在德国创建的包豪斯（Bauhaus）学派，摒弃因循守旧，倡导重视功能，推进现代工艺技术和新型材料的运用，在建筑和室内设计方面，提出与工业社会相适应的新观念。包豪斯学报的创始人格罗皮乌斯（Gropius）当时就曾提出："我们正处在一个生活大变动的时期。旧社会在机器的冲击之下破碎了，新社会正在形成之中。在我们的设计工作里，重要的是不断地发展，随着生活的变化而改变表现方式。"20世纪20年代，格罗皮乌斯设计的包豪斯校舍和密斯·凡德罗（Mies Van DerRohe）设计的巴塞罗那展览馆都是上述新观念的典型实例。（图2-1-10、图2-1-11）

正因为现代空间有如此丰富的表现手段，才使人们认识到单纯装饰的局限性，才使室内设计从单纯装饰的束缚中解脱出来。与此同时，建筑物功能的日趋复杂、经济发展后的大量改造工程，进一步推动了室内设计的发展，促成了室内设计的独立。20世纪50年代，室内设计已经和仅限于艺术范畴的室内装饰有所区别，"室内设计师"的称号开始被普遍地接受。1957年，美国"室内设计师学会"成立，标志着室内设计学科的最终确立。

图2-1-7 古希腊雅典卫城帕提农神庙

图2-1-8 罗马万神庙　图2-1-9 巴洛克风格室内装饰设计

图2-1-10 包豪斯校舍

图2-1-11 巴塞罗那国际博览会德国馆

第二节 现代室内空间设计的现状

现代室内空间设计在中国已有了半个多世纪的发展历史，经历了很多演变，已呈现出多元性、复合性的特点。但同时也存在行业不规范，设计师整体水平不高，设计的民族特性不强等问题。随着社会的进步，经济的发展和我国的综合国力的提高，人们对装饰标准与质量的要求也不断提高，中国室内设计的未来必然向着产业化、科技智能化、民族化等方向蓬勃发展。但与欧美发达国家相比，我们的室内设计还只是刚刚起步，仍是一个十分年轻的产业，需要探索的东西还有很多。我国现代室内空间设计和建筑装饰，尚有一些值得注意的问题。

1. 环境整体和建筑功能意识薄弱

现代室内装饰与其他项目设计分散，对所设计室内空间内外环境的特点，对所在建筑的使用功能、类型性格考虑不够，容易把室内设计孤立地、封闭地对待。在欧美发达国家，一名优秀的建筑师，同时也是一名优秀的室内设计师；一名优秀的室内设计师同时也是一名家具及饰物设计师，其专业领域的联系性非常强。而中国相关专业领域的人才培养却是分离的，院校的专业设置是将建筑设计、室内设计、工业设计分门别类，这种人才培养机制割裂了专业领域的连贯性。建筑师完成土建结构设计后就将建筑毛胚甩给室内设计师，而室内设计师在室内设计家具时多半只能选购市场成品，这种关系结构不利于内外一体化的优秀室内建筑作品的问世。

2. 对大量性、生产性建筑的室内设计有所忽视

市场经济的一些负面影响导致了设计公司最大化地追逐经济利益，而对社会公共建筑的内部空间考虑不足。当前设计者和施工人员，对旅游宾馆、大型商场、高级餐厅等的室内设计比较重视，相对地对涉及大多数人使用的大量性建筑如学校、幼儿园、门诊所、社区生活服务设施等的室内设计重视研究不够，对职工集体宿舍、大量性住宅以及各类生产性建筑的室内设计也有所忽视。

3. 对技术、经济、管理、法规等问题注意不够

现代室内设计与结构、构造、设备材料、施工工艺等技术因素结合非常紧密，科技的含量日益增高，设计者除了应有必要的建筑艺术修养外，还必须认真学习和了解现代建筑装修的技术与工艺等有关内容。同时，相关方面应加强室内设计与建筑装饰中有关法规的完善与执行，加强工程项目管理法、合同法、招投标法以及消防、卫生防疫、环保、工程监理、设计定额指标等有关法规和规定的实施。

4. 应增强室内设计的创新精神

室内设计创新精神缺乏。任何一种真正意义上的创作活动，都离不开思想这个内在的发动机。室内设计固然可以借鉴国内外传统和当今已有设计成果，但不应是停留在表面形式上的抄袭，不应是对风格、流派的表面接受替代了自我创新，或简单的"抄袭"，或不顾环境和建筑类型性格的"套用"，现代室内设计理应倡导结合时代精神的创新。

5. 设计师队伍发展与市场发展、教育改革不合拍

设计师队伍膨胀，素质普遍偏低。市场的发展、教育的改革使得室内设计变得炙手可

热。国内许多没有相应师资的大专院校都开设了这门专业，甚至社会上的室内设计培训班、电脑培训班也都加入了"制造设计师"的行列。在短短十年里设计师队伍急剧膨胀，无法想象这样"制造出来的设计师"如何设计出好的作品。这样打着"设计师"旗号的人加入专业设计师的行列，使整个设计市场形成恶性竞争，产生了许多粗制滥造的室内设计作品。这些设计师基础知识缺乏，艺术语言表达不清，设计技术偏低，缺少设计的逻辑思考，浮浅媚俗地追逐时尚，依赖材料、仿造风格，而忽视实际情况；恶性竞争的后果还使许多优秀的设计师不能得到相应的回报而降低了创新的积极性。真正的设计师除了是专业的能手，还应该是自己思想的忠实执行者，是不被外在的意志所左右，将自己的文化品位、艺术素养，经过科学论证后付诸实施的人。

随着国家的富强，我们逐渐认识到，未来中国的室内设计所走的道路，一定是在继承传统文化的同时表现现代人的审美情趣的设计。因为只有地域的才是民族的，只有民族的才是世界的。进入21世纪，时代的发展带来了新的审美情趣，而中国的室内设计也从早期的以材料的档次来评价装修水准的误区中走了出来，不断地走向完善，向国际靠拢。虽然目前室内设计的各种规范还未健全，而室内设计从不规范到比较规范、再到相对规范，需要经历一个过程，但我们相信，室内设计行业一定会走向规范，最终必定会有一个好的发展环境。

第三节　现代室内空间设计的发展趋势

在人类社会进入21世纪的今天，现代室内空间设计成长起来并逐渐成为独立的专业，也成为新兴的日新月异的行业，它以其广泛的内涵和自身的规律，顺应着社会的需求而得到发展。同时，人们开始以美的尺度来设计和建造自己的居住和生活环境，因而室内空间设计也加快了它的发展步伐，并且成为一种普及化的大众商品。设计是连接精神文明与物质文明的桥梁，人类寄希望于通过设计来改造世界，改善环境，提高人类生存和生活质量。室内设计的核心就是既要满足人们的物质需求，又要满足人们的精神需求。随着科技和工业的进步以及现代主义建筑的发展，国际室内设计界思潮叠起，流派纷呈，涌现出大量设计名流及杰出的设计作品，把建筑的功能性和艺术性提高到前所未有的高度。现代室内空间设计将更为重视人们在室内空间中的精神因素的需要和环境的文化内涵。现代室内空间设计呈现出以下的发展趋势。

一、人工环境与自然环境相协调

一方面，室内设计的起源是人类创造适于生活的人工环境，另一方面，人类也具有亲近自然的生物性，二者的平衡结果便是在人工环境中适度引入自然环境因素。随着环境保护意识的增长，人们向往在自然室内环境中创造出田园的舒适气氛，强调自然的色彩和天然材料的应用。在此基础上，设计师们不断在回归自然上下功夫，创造新的肌理效果，运用具象的和抽象的设计手法来使人们联想自然，感受大自然的温馨，身心舒逸。另外，从可持续发展的宏观要求出发，室内设计将更重视低碳环保设计，考虑节能与节省室内空间，创造有利于身心健康的室内环境。现代室内空间设计倡导人类在自身发展的同时，尊重和保护赖以生存的自然环境，确立"天人合一"的理念，维持生态平衡，返璞归真，回归自然，创建可持续发展的建筑和室内外环境。这也是目前现代室内空间设计的一种趋势，是人类在面临生存环境挑战情况下所作出的一种反映和探索。

二、专业设计与其他相关专业设计相协调

现代室内空间设计与许多学科的联系和结合趋势日益明显。现代室内设计除了仍以建筑设计作为学科发展的基础外，工艺美术和工业设计的一些观念和工作方法也日益在室内设计中显示其作用。同时，设计、施工、材料、设施、设备之间的协调和配套关系加强，上述各部分自身的规范化进程进一步完善。室内设计是一个高度综合的设计活动，在专业设计进一步深化和规范化的同时，业主及大众参与的势头也将有所加强。芬兰的阿尔托曾在一次讲座中说："在过去十年，'现代建筑'所谓的功能主要是从技术的角度来考虑的，它所强调的是建筑的经济性……现代建筑的最新课题是要以合理的方法突破技术范畴而进入人情与心理的领域。" 这是由于室内空间环境的创造总是离不开生活、生产于其间的使用者的切身需求，贴近生活，能使使用功能更具实效，更为完善。

三、物质环境与精神追求相协调

随着社会物质生活丰富，人们的需求层次逐步从单一物质需求中解放出来，继而转向注重更加丰富多彩的精神领域。现代室内空间设计是整体艺术，它应是空间、形体、色彩以及

虚实关系的把握、意境创造的把握以及与周围环境的关系协调，许多成功的室内设计实例都是艺术上强调整体统一的作品。

四、功能完备与个性化设计相协调

当今社会日新月异，人们对于室内环境的综合需求也日益个性化，然而大工业化生产给社会留下了千篇一律的同一化问题。为了打破同一化，室内设计追求个性化设计，即运用多种设计手法创造极富个性的室内空间环境，打破千人一面的冷漠感，这也从一个侧面反映了当代多元化的社会特征。

五、技术进步与地域文化相协调

社会进步导致室内环境的更新在加快，因此在设计、施工技术与工艺方面往往优先考虑预制安装等社会化大生产方式，以代替传统的手工现场作业模式。不仅如此，随着科学技术的发展，人们在室内设计中采用一切现代科技手段，使设计达到最佳声光、色形的匹配效果，实现高速度、高效率、高功能，创造出理想的值得人们赞叹的室内空间环境。与此同时，地域文化在空间性格中的表现愈发明显，技术与艺术相结合，既重视科技，又强调地域文化。

现代室内设计界流派众多，但从总体来看，大体表现出以上几种发展趋势。现代室内空间设计的发展趋势与当今社会、经济、文化和科技等因素紧密相关，反映出人们对生存环境的高度关注，反映出人们对人的价值的重视，反映出人们对环境整体性的追求，反映出人们对科学技术的热爱……相信随着人类对自身认识的不断深入，室内设计也将永无止境地不断向前发展。

3

第三章

现代室内设计风格与流派

第一节　风格与流派的形成和影响

风格（Style）即风度品格，体现创作中的艺术特色和个性。流派（School）指学术、文艺方面的派别。

室内设计的风格和流派，属室内环境中的艺术造型和精神功能范畴，它们往往是和建筑以至家具的风格和流派紧密结合；有时也以相应时期的绘画、造型艺术，甚至文学、音乐等的风格和流派为其渊源并相互影响。

风格的对象可以是独立的个体或具有相同艺术特色和个性的群体，我们经常把区分艺术最精确细致差别的那些特征称作风格，有时候我们又把整整一个大时代或者几个世纪的特点称作风格。风格是由独特的内容与形式相统一，艺术家的主观特点与艺术的客观特征相统一而构成的艺术区别系统。这种艺术区别系统涵盖了单个艺术品、一个艺术家的所有作品、一个艺术门类、一个历史时期、一个民族或地域、一个阶级（王朝）等各个子系统。一种典型风格的形式，通常是和当地的人文因素和自然条件密切相关，又需有创作中的构思和造型的特点。风格的形成可分为外在和内在因素两种，外在因素包括：地理位置、气候物产、民族特性、社会体制、风俗习惯、宗教信仰、科

技发展、文化潮流和生活方式等；内在因素包括：创作者的专业素养、艺术素养以及个体或群体的创作构思等。风格虽然表现于形式，但风格具有艺术、文化、社会发展等深刻的内涵，从这一深层含义来说，风格又不停留或等同于形式。

流派在广义上讲，其构成对象也包括独立的个体和具有相同艺术特色和个性的群体，而在室内设计里面多是对具有相同艺术特色群体的总称。不同的个体虽有不同的风格，但由于其生活经历、思想与艺术修养等的大致相似以及彼此联系、相互影响而形成了流派。流派往往是在创作上有大致相近倾向的风格或在创作的某一方面有相同倾向的风格的统称，同时这也是流派的风格与艺术特色。一种风格或流派一旦形成，它又能积极或消极地转而影响文化、艺术以及诸多的社会因素，并不仅仅局限于作为一种形式表现和视觉上的感受。如美国建筑师赖特的作品，他的作品在理念上是表述他的"有机建筑论"，但在形式上、直观的形象上，则表现出自己的作品个性，造型多变而统一，具有节奏感和韵律感。他的代表作流水别墅，就其形象来说则是：不同方向、不

同材质，但同一要素，有机地结合（上下、前后几个块体的组合）。（图3-1-1）他的另一个代表作——纽约的古根海姆美术馆也同样，圆的、方的、高的、低的，前面的、后面的，也由同一要素（母题）贯串起来，有机地结合成一个整体。（图3-1-2—图3-1-4）

图3-1-1 赖特——流水别墅

图3-1-2 纽约的古根海姆美术馆

图3-1-3 纽约的古根海姆美术馆

图3-1-4 纽约的古根海姆美术馆

第二节 现代室内设计的风格

现代室内空间设计风格的形成，是不同的时代思潮和地区特点，通过创作构思和表现，逐渐发展成为具有代表性的室内设计形式。室内设计的风格在体现艺术特色和创作个性的同时，相对地说，可以认为跨越的时间要长一些，包含的地域会广一些。同时，随着时代的发展变化，对当今室内设计风格的分类也会有进一步的研究和探讨。因此，本章后述的风格与流派的名称及分类，也不作为定论，仅作借鉴和参考，希望对我们的设计分析和创作有所启迪。

室内设计的风格主要可分为：传统风格、现代风格、后现代风格、自然风格以及混合型风格等。

一、传统风格

传统风格的室内设计，是在室内布置、线形、色调以及家具、陈设的造型等方面，吸取传统装饰"形""神"的特征。传统风格可大致分为：欧式传统风格、中式传统风格、日式传统风格、印度传统风格、伊斯兰传统风格、北非城堡风格等。传统风格常给人们以历史延续和地域文脉的感受，它使室内环境突出了民族文化渊源的形象特征。

其中欧式传统风格又可细分为：仿罗马式、哥特式、巴洛克、洛可可、古典主义等。（图3-2-1—图3-2-3）欧洲古典建筑的历史源远流长，在经历了古希腊、古罗马经典建筑的洗礼之后，形成了以柱式、拱券、山花、门损、雕塑为主要构件的石构造建筑装饰风格。文艺复兴之后巴洛克、洛可可的艺术样式，对欧洲建筑室内装饰风格的演变起着至关重要的作用，形成了法式和英式两种典型的室内装饰流派。

图3-2-1 欧式古典风格室内设计

图3-2-2 欧式古典风格室内设计

图3-2-3 欧式古典风格室内设计

巴洛克样式雄浑厚觉，在运用直线的同时也强调线形流动变化的特点。这种样式具有过多的装饰和华美浑厚的效果，在室内将绘画、雕塑、工艺集中于装饰和陈设艺术上，墙面装饰多以展示精美的法国壁毯为主，同时镶有大型镜面或大理石，或以线脚重叠的贵重木材镶边板装饰墙面。色彩华丽且用金色予以协调，以直线与曲线协调处理的猫脚家具和其他各种装饰工艺手段的使用，构成室内庄重豪华的气氛。（图3-2-4）

图3-2-5 欧式古典风格室内设计

中豪华、动感、多变的视觉效果，也吸取了洛可可风格中唯美、律动的细节处理元素，受到了社会上层人士的青睐。古典风格在设计时强调空间的独立性，配线的选择要比新古典主义复杂得多。在材料选择、施工、配饰方面的投入比较高，多为同一档次其他风格的多倍，所以古典风格更适合在较大别墅、宅院中运用，而不适合较小户型。

图3-2-4 欧式古典风格室内设计

洛可可样式是继巴洛克样式之后在欧洲发展起来的。洛可可样式以其不均衡的轻快纤细的曲线而著称，其特点为造型装饰多运用贝壳的曲线、皱褶和弯曲形构图分割，装饰尽繁琐、华丽之能事，色彩绚丽多姿，以及中国卷草纹的大量运用，具有轻快、流动、向外扩展的装饰效果。流动感的大曲线造型，白色壁板、金色装饰线，间辅以淡青、玫红色装饰，构成富丽华贵的室内空间效果。（图3-2-5）

而英式风格则是指以17世纪英国斯图亚特时期形成的巴洛克样式为主延续下来的风格。庄严厚重的直线变化造型，深栗色木材装修墙板，间辅以蓝青、深绿色织物装饰，构成端庄古雅的室内空间效果。欧式古典风格是一种追求华丽、高雅的欧洲古典主义，具有很厚重的文化和历史内涵。设计风格继承了巴洛克风格

中式传统风格主要特征是以木材为主要建材，充分发挥木材的物理性能，创造出独特的木结构或穿斗式结构，讲究构架制的原则，建筑构件规格化，重视横向布局，利用庭院组织空间，用装修构件分合空间，注重环境与建筑的协调，善于用环境创造气氛。运用色彩装饰手段，如彩画、雕刻、书法和工艺美术、家具陈设等艺术手段来营造意境。（图3-2-6）

图3-2-6 中式传统风格室内设计

图3-2-7 中式传统风格室内设计

图3-2-8 日式餐厅设计

中国是个多民族国家，所以谈及中式古典风格实际上还包含民族风格。各民族由于地区、气候、宗教信仰以及当地建筑材料和施工方法不同，室内环境具有独特形式和风格，主要反映在布局、形体、外观、色彩、质感和处理手法等方面。（图3-2-7）

日式风格，又称和风，该风格在设计师、画家等群体中比较受推崇。这种风格之所以如此流行并且广为接受，实际上是因为和风是世界上所有传统风格中最为"现代"的一种风格，它的室内构成方式及装饰设计手法，迎合了现代美学原则。（图3-2-8）日式风格追求一种悠闲、随意的生活意境。空间造型极为简洁，在设计上采用清晰的线条，而且在空间划分中摒弃曲线，具有较强的几何感。传统的日式家居将自然界的材质大量运用于居室的装修、装饰中，不推崇豪华奢侈、金碧辉煌，以淡雅节制、深邃禅意为境界，重视实际功能。和风式居室的地面（草席、地板）、墙面涂料、天花板木构架、白色窗纸，均采用天然材料。门窗框、天花板、灯具均采用格子分割，手法极具现代感。清雅幽静的日式房间，简约的装修风格，木质、竹质、纸质的天然绿色建材，几件方正规矩的家具显出主人宁静致远的心态。它的室内装饰主要是日本式的字画、浮世绘、茶具、纸扇、武士刀、玩偶及面具，更甚者直接用和服来点缀室内，色彩浓烈单纯，室内气氛清雅纯朴。（图3-2-9、图3-2-10）

图3-2-9 传统日式风格室内布局

图3-2-10 传统日式风格室内布局

东南亚风格的设计风格崇尚自然、原汁原味，注重手工工艺而拒绝同质的精神，颇为符合时下人们追求健康环保、人性化以及个性化的价值理念，于是迅速深入人心，审美观念也迅速升华为一种生活态度。 风格特点：① 东南亚风格的搭配虽然风格浓烈，但千万不能过于杂乱，否则会使居室空间显得累赘。木石结构、砂岩装饰、墙纸的运用、浮雕、木梁、漏窗……这些都是东南亚传统风格装修中不可缺少的元素。② 材质天然，木材、藤、竹成为东南亚室内装饰首选。饰品妩媚，东南亚装饰品的形状和图案多和宗教、神话相关。芭蕉叶、大象、菩提树、莲花等是装饰品的主要图案。③ 东南亚家具大多就地取材，比如印度尼西亚的藤、马来西亚河道里的水草（风信子、海藻）以及泰国的木皮等等纯天然的材质，散发着浓烈的自然气息。色泽以原藤、原木的色调为主，大多为褐色等深色系，在视觉感受上有泥土的质朴，加上布艺的点缀搭配，非但不会显得单调，反而会使气氛相当活跃。在布艺色调的选用上，东南亚风情标志性的炫色系列多

为深色系，且在光线下会变色，沉稳中透着一点贵气。④ 东南亚风情的卧室中一条艳丽轻柔的纱幔、几个色彩妩媚的泰丝靠垫，累了，慵懒地倚在泰式靠枕上舒松筋骨。泰丝流光溢彩、细腻柔滑，在居室随意放置后漫不经心的点缀作用是成就东南亚风情最不可缺少的道具。（图3-2-11、图3-2-12）

印度风格，如同印度的建筑和室内装饰一样，具有极其鲜明的民族特色和地域特征。印度风格装饰与东南亚风格相似又深受穆斯林文化影响，具有很多伊斯兰风格的特征。（图3-2-13、图3-2-14）而印度曾是英国殖民地，家具方面又受到了欧式家具的影响。印度的室内纺织品就是印度文化乃至印度艺术的一部分。热烈、浓郁、神秘以及深厚的文化内涵和手工制作，凸显了印度室内纺织品的特质。印度室内纺织品中大量使用红、橘红、橘黄、酒红、玫瑰红、黄等浓烈鲜明的暖色，白色也是印度室内纺织品常用的颜色。此外，轻薄纱透的织物、卷曲的植物图案、精美的刺绣和惯用的金饰，也构成了印度风格室内色彩的主要

图3-2-13 印度风格

图3-2-11 东南亚风格室内设计

图3-2-12 东南亚风格室内设计

图3-2-14 印度风格

图3-2-15 印度风格室内布局

图3-2-16 印度风格室内布局

图3-2-17 印度风格酒店设计

特征。印度家具以实木为主，大部分采用印度檀木，色泽漂亮；高档的印度家具往往用玫瑰木，这种木材木质较硬，花纹特别精美。印度家具崇尚手工制作，故每件产品尺寸、规格都不相同，而且和中式家具一样喜欢旧材新作。很多印度家具上都可以找到印度古老家具甚至建筑配件的影子。包铜和错铜工艺是印度家具的特点，它传达出低调奢华的气质；印度家具喜欢彩绘，图案丰富，画法细腻，类似于波斯的细密画，只不过手法粗犷些；印度家具还特别喜欢雕刻，但不及泰国家具喜欢精雕细刻，有种古拙的味道。（图3-2-15—图3-2-17）

伊斯兰风格的特征是东西方合璧，室内色彩跳跃、对比、华丽，其表面装饰突出粉画，彩色玻璃面砖镶嵌，门窗用雕花、透雕的板材作栏板，还常用石膏浮雕作装饰。砖工艺的石钟乳体是伊斯兰风格最具特色的手法。彩色玻璃马赛克镶嵌，可用于玄关或家中的隔断上。伊斯兰建筑普遍使用拱券结构，拱券丰富的样式成为居室内装饰的核心。伊斯兰建筑的装饰

特点主要有两种：一是券和弯顶具有多种花样，二是使用大面积的装饰图案。券的形式有双圆心尖券、马蹄券、火焰券、花瓣券等，室外墙面主要用花式砌筑进行装饰。室内用石膏作大面积浮雕、涂绘装饰，以深蓝、浅蓝两色为主。室内多用华丽的壁毯和地毯装饰。伊斯兰风格图案多以花卉为主。（图3-2-18—图3-2-21）

图3-2-18 伊斯兰风格

图3-2-19　伊斯兰风格酒店设计

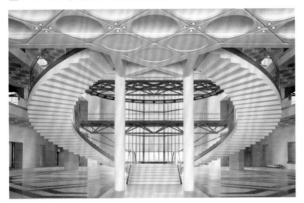

图3-2-20　卡塔尔伊斯兰艺术博物馆

图3-2-21　卡塔尔伊斯兰艺术博物馆

北非城堡风格：北非包括埃及、苏丹、利比亚、突尼斯、阿尔及利亚和摩洛哥六个国家，它们各自都有一部古老的历史。其中埃及是世界上最古老的文明古国之一，卢克索地区的帝王谷（64座帝王陵墓），世界最早的亚历山大航海古灯塔，世界上仅存规模最大的卡尔纳克神庙等，这一切对北非现代的人们在室内文化发展上形成了深刻的影响，那里人们的生活方式在漫长的岁月中，深受其国度先祖文化

及其形式特点的影响，神秘的城堡故事，地处热带、亚热带人的性情均在现在北非城堡风格特征上得以反映。（图3-2-22、图3-2-23）

图3-2-22　北非城堡风格

图3-2-23　北非城堡风格

二、现代风格

现代主义也称功能主义，是工业社会的产物，其最早的代表是建于德国魏玛的包豪斯学校。现代风格强调突破旧传统，极力反对从古罗马到洛可可等一系列旧的样式，力求创造新建筑，重视功能和空间组织，注意发挥结构构成本身的形式美，造型简洁，反对多余装饰，崇尚合理的构成工艺，尊重材料的性能，讲究材料自身的质地和色彩的配置效果，创造出适应工业时代精神，独具新意的简化装饰，设计简朴、通俗、清新，更接近人们生活。大量使用铁制构件，将玻璃、瓷砖等新工艺，以及铁艺制品、陶艺制品等综合运用于室内。注意室内外沟通，竭力给室内装饰艺术引入新意，发展了非传统的以功能布局为依据的不对称的构

图手法。包豪斯学派重视实际的工艺制作操作，强调设计与工业生产的联系。（图3-2-24、图3-2-25）

图3-2-24 香港航空公司现代风格咖啡厅

图3-2-25 香港航空公司现代风格咖啡厅

包豪斯学派的创始人格罗皮乌斯认为："美的观念随着思想和技术的进步而改变。""建筑没有终极，只有不断的改革。""在建筑表现中不能抹杀现代建筑技术，建筑表现要应用前所未有的形象。"当时杰出代表人物还有柯布西耶和密斯凡德罗。早期的现代风格由于把功能置于首位，故又称功能主义风格，又因为很快风靡世界各地，因此又称为国际风格。国际风格盛行时期，世界建筑日趋相同，地方特色、民族特色逐渐消退，建筑和城市面貌日渐呆板、单调，加上勒·柯布西耶的粗野主义，往日具有人情味的建筑形式逐步被非人性化的国际主义建筑取代。

现时，广义上的现代风格也可泛指造型简洁新颖，具有当今时代感的建筑形象和室内

环境。它意味着简练、优雅不失亲切的生活环境，它们既有实用性又颇为舒适，并在保持功能美观和谐的条件下，允许个性化的创造与表现，在我们现代化快节奏的生活中，满足精神上和审美上的需要。（图3-2-26）

图3-2-26 德国斯图加特祖文豪森全新保时捷博物馆

三、后现代主义风格

"后现代主义"一词最早出现在西班牙作家德·奥尼斯1934年的《西班牙与西班牙语类诗选》一书中，用来描述现代主义内部发生的逆动，特别有一种对现代主义纯理性的逆反心理，即为后现代风格。后现代主义风格是一种在形式上对现代主义进行修正的设计思潮与理念。后现代主义室内设计理念完全抛弃了现代主义的严肃与简朴，往往具有一种历史隐喻性，充满大量的装饰细节，刻意制造出一种含混不清、令人迷惑的情绪，强调与空间的联系，使用非传统的色彩，它所具有的矛盾性常使人产生厌倦，而这种厌倦正是后现代主义对过去50年的现代主义的典型心态。（图3-2-27）

后现代主义的主要特征有三点：文脉主义、隐喻主义和装饰主义。后现代主义室内设计理念：① 强调形态的隐喻、符号和文化、历史的装饰主义。② 主张新旧融合、兼容并蓄的折衷主义立场。③ 强化设计手段的含糊

图3-2-27 文丘里在建筑立面上运用了古典对称的山墙，加上这样的尺度和比例的庄重，严肃的形象远非这一小体量的住宅所担当得起的。它使人联想到古希腊或是古罗马的神庙。这使人想到他的主张"建筑师应当是保持传统的专家"。

性和戏谑性。后现代风格是对现代风格中纯理性主义倾向的批判，后现代风格强调建筑及室内装潢应具有历史的延续性，但又不拘泥于传统的逻辑思维方式，探索创新造型手法，讲究人情味，常在室内设置夸张、变形的柱式和断裂的拱券，或把古典构件的抽象形式以新的手法组合在一起，即采用非传统的混合、叠加、错位、裂变等手法和象征、隐喻等手段，以期创造一种融感性与理性，集传统与现代，糅大众与行家品味于一体的即"亦此亦彼"的建筑形象与室内环境。（图3-2-28）后现代风格的代表人物有P. 约翰逊（P. Johnson）、R. 文丘里（R. Venturi）、M. 格雷夫斯（M. Graves）等。

图3-2-28 德国斯图加特州立美术馆扩建

四、新现代主义风格

新现代主义风格又称新包豪斯主义，既具有现代主义严谨的功能主义和考虑结构构成等理性因素，又具有设计师个人表现和象征性风格的特点，如"纽约五人"（1969年在纽约现代艺术博物馆举办的由五位主张发展现代建筑的青年建筑师举办的作品展）中的R. 迈耶、P. 艾森曼等，又如著名建筑师贝聿铭、保罗·鲁道夫、E. 巴恩斯等的作品，也被人们认为既具理性又有个性和文化内涵，带有新现代主义的特征。迈耶（也是白色派的代表人物）1988年在洛杉矶设计建成的保罗·盖蒂中心博物馆，高度理性化，与环境融合，重视功能，又具有设计师的个性，充分体现了新现代主义的特征。（图3-2-29）

图3-2-29 保罗·盖蒂中心博物馆

新现代主义特征：第一，突出的功能主义特征。强调功能为设计的中心和目的，而不再是以形式为设计的出发点，讲究设计的科学性，重视设计实施时的科学性、方便性、经济效益性和效率性。第二，形式上提倡非装饰的简单几何造型。如在建筑上通过六面形的造型来达到重空间，而不是单纯重体积的目的；通过倡导标准化，来改变建筑施工，提高建筑的效率、速度，通过摒弃装饰和使用中性色彩降低成本，来为大众服务等。第三，在具体设计上重视空间的考虑，特别强调整体设计考虑，基本上反对在图板、预想图上设计，而强调以模型为中心的设计规划。第四，重视设计对象的费用和开支，把经济问题放到设计中，作为一个重要因素考虑，从而达到实用、经济的目的。（图3-2-30、图3-2-31）

五、自然风格

自然风格倡导"回归自然"，美学上推崇"自然美"，认为只有崇尚自然、结合自然，才能在当今高科技、高节奏的社会生活中，使人们获得生理和心理的平衡，因此室内多用木料、织物、石材等天然材料，显示材料的纹理，清新淡雅。（图3-2-32）此外，由于宗旨和手法的类同，也可把田园风格归入自然风格一类。田园风格在室内环境中力求表现悠闲、舒畅、自然的田园生活情趣，也常运用天然木、石、藤、竹等材质质朴的纹理，巧于设置室内绿化，创造自然、简朴、高雅的氛围。（图3-2-33）此外，人们也把20世纪70年代反对千篇一律的国际风格的，室内采用木板和清水砖砌墙壁、传统地方门窗造型及坡屋顶等的建筑称为"乡土风格"或"地方风格"，也称"灰色派"，如砖墙瓦顶的英国希灵顿市政中心以及耶鲁大学教员俱乐部等。较为典型的有地中海式风格、美式乡村风格、欧式田园风格等。

地中海风格具有独特的美学特点。地中海风格的设计在业界很受关注。地中海周边国家众多，民风各异，一如西班牙蔚蓝海岸与白色沙滩、希腊白色村庄在碧海蓝天下闪闪发光、意大利南部向日葵花田在阳光下闪烁的金黄、法国南部薰衣草飘来的香气、北非特有的沙漠及岩石等自然景观的红褐、土黄的浓厚色彩组

图3-2-30 美国华盛顿美术馆东馆

图3-2-31 巴黎卢浮宫扩建

图3-2-32 自然风格庄园

图3-2-33 自然风格室内设计

合。但是独特的气候特征还是让各国的地中海风格呈现出一些一致的特点。通常，地中海风格的家居，会采用这么几种设计元素：白灰泥墙、连续的拱廊与拱门、陶砖、海蓝色的屋瓦和门窗。地中海风格的基础是明亮、大胆、色彩丰富、简单、民族性，有明显特色。重现地中海风格不需要太大的技巧，而是保持简单的意念，捕捉光线，取材大自然，大胆而自由地运用色彩、样式。一般选择自然的柔和色彩，在组合设计上注意空间搭配，充分利用每一寸空间，集装饰与应用于一体，在组合搭配上避免琐碎，力求大方、自然，使设计散发出古老的田园气息和尊贵的文化品位。地中海风格多用有着古老历史的拱形状玻璃，采用柔和的光线，加上原木的家具，用现代工艺呈现出别有情趣的乡土格调。其特有的罗马柱般的装饰线简洁明快，流露出古老的文明气息。对于久居都市，习惯了喧嚣的现代都市人而言，地中海风格给人们以返璞归真的感受，同时体现了对于更高生活质量的要求。（图3-2-34、图3-2-35）

美式乡村式风格又称美式田园风格，倡导"回归自然"，摒弃繁琐和奢华，并将不同风格中的优秀元素汇集融合，非常重视生活的自然舒适

性，充分显现出乡村的朴实风味。布艺是美式乡村风格中非常重要的运用元素，本色的棉麻是主流，布艺的天然感与乡村风格能很好地协调；各种繁复的花卉植物、靓丽的异域风情和鲜活的鸟虫鱼图案很受欢迎，体现了舒适和随意。在室内环境中力求表现悠闲、舒畅、自然的田园生活情趣，特别是在墙面色彩选择上，自然、怀旧、散发着浓郁泥土芬芳的色彩是美式乡村风格的典型特征。常运用天然木、石、藤、竹等材质质朴的纹理，巧于设置室内绿化，创造自然、简朴、高雅的氛围。美式乡村风格突出了生活的舒适和自由，不论是感觉笨重的家具，还是带有岁月沧桑的配饰，都在告诉人们这一点。（图3-2-36、图3-2-37）

欧式田园风格重在对自然的表现，但不同的田园有不同的自然，进而也衍生出多种家具风格，中式的、欧式的，甚至还有南亚的田

图3-2-34 地中海风格的室内空间

图3-2-35 地中海风格的室内空间

图3-2-36 美式乡村式风格的室内空间

图3-2-37 美式乡村式风格的室内空间

园风情，各有各的特色，各有各的美丽。欧式田园风格主要分英式和法式两种田园风格。前者的特色在于华美的布艺以及纯手工的制作。碎花、条纹、苏格兰格，每一种布艺都乡土味道十足。家具材质多使用松木、椿木，制作以及雕刻全是纯手工的，十分讲究。后者的特色是家具的洗白处理及大胆的配色。家具的洗白处理能使家具呈现出古典美，而红、黄、蓝三色的配搭，则显露着土地肥沃的景象，而椅脚被简化的卷曲弧线及精美的纹饰也是法式优雅乡村生活的体现。欧式田园风格设计在造型方面的主要特点是：曲线趣味、非对称法则、色彩柔和艳丽、崇尚自然等。重在对自然的表现是欧式田园风格的主要特点，同时又强调了浪漫与现代流行主义的特点。（图3-2-38、图3-2-39）

图3-2-38 欧式田园风格的室内空间

图3-2-39 欧式田园风格的室内空间

六、新中式风格

新中式风格诞生于中国传统文化复兴的新时期，伴随着国力增强，民族意识逐渐复苏，人们开始从纷乱的"模仿"和"拷贝"中整理出头绪。新中式并非完全意义上的复古明清，而是通过中式风格的特征，表达对清雅含蓄、端庄丰华的东方式精神境界的追求。

新中式风格主要包括两方面的基本内容，一是中国传统风格文化意义在当前时代背景下的演绎，一是对中国当代文化充分理解基础上的当代设计。

新中式风格不是纯粹的元素堆砌，而是通过对传统文化的认识，将现代元素和传统元素结合在一起，以现代人的审美需求来打造富有传统韵味的事物，让传统艺术在当今社会得到合适的体现。（图3-2-40）

图3-2-40 新中式风格的室内空间

新中式风格要点：它的构成主要体现在传统家具（多以明清家具式样为主）、装饰品及黑、红为主的装饰色彩上。室内多采用对称式的布局方式，格调高雅，造型简朴优美，色彩浓重而成熟。在造型上，以简单的直线条表现中式的古朴大方。在色彩上，采用柔和的中性色彩，给人优雅温馨、自然脱俗的感觉。在材质上，运用壁纸、玻化砖等，将传统风韵与现代舒适感完美地融合在一起。中国传统室内陈设包括字画、匾幅、挂屏、盆景、瓷器、古玩、屏风、博古架等，体现了一种追求修身养性的生活境界。在家具搭配上以古典家具为主或现代家具与古典家具相结合，中国古典家具以明清家具为代表，在新中式风格家具配饰上多以线条简练的明式家具为主，比较简约。而在装饰细节上崇尚自然情趣，花鸟、鱼虫等精雕细琢，富于变化，充分体现出中国传统美学精神。在中国文化风靡全球的现今时代，中式元素与现代材质的巧妙兼容，明清家具、窗棂、布艺床品相互辉映，再现了移步变景的精妙小品。（图3-2-41—图3-2-43）

图3-2-41 新中式风格的现代室内空间

图3-2-42 新中式风格的现代室内空间

图3-2-43 新中式风格的现代室内空间

七、新古典主义风格

新古典主义风格是在传统美学的规范之下，运用现代的材质及工艺，去演绎传统文化中的经典精髓，它不仅拥有典雅、端庄的气质，并具有明显的时代特征。

新古典风格是古典与现代的完美结合，它源于古典，但不是仿古，更不是复古，而是追求神似。新古典设计讲求风格，用简化的手法、现代的材料和加工技术去追求传统样式的大致轮廓特点；注重装饰效果，用室内陈设品来增强历史文脉特色。

"形散神聚"是新古典风格的主要特点。在注重装饰效果的同时，用现代的手法和材质还原古典气质。新古典风格具备了古典与现代的双重审美效果，完美的结合也让人们在享受物质文明的同时得到了精神上的慰藉。新古典主义是融合风格的典型代表，但这并不意味着新古典的设计可以任意使用现代元素，更不是两种风格及其产品的堆砌。这种保留了材质、色彩、风格，摒弃了过于复杂的线条、装饰、肌理，却没有丢失性格，仍然可以强烈感受到传统的历史痕迹和浑厚的文化底蕴的设计，便是完美折中主义的新古典主义风格。（图3-2-44—图3-2-46）

图3-2-44 新古典主义风格的室内空间

图3-2-45 新古典主义风格的室内空间

图3-2-46 新古典主义风格的室内空间

八、混合型风格

近年来，建筑设计和现代室内空间设计在总体上呈现多元化和兼容并蓄的状况。室内布置中也有既趋于现代实用，又吸取传统的特征，在装潢与陈设中融古今中西于一体，例如传统的屏风、摆设和茶几，配以现代风格的墙面及门窗装修、新型的沙发；欧式古典的琉璃灯具和壁面装饰，配以东方传统的家具和埃及的陈设、小品等。混合型风格虽然在设计中不拘一格，运用多种比例，但设计中仍然是匠心独具，深入推敲形体、色彩、材质等方面的总体构图和视觉效果。（图3-2-47—图3-2-48）

图3-2-47 混合型风格

图3-2-48 混合型风格

第三节 现代室内设计的流派

流派，指学术、文艺方面的差别，这里是指室内设计的艺术派别。现代室内设计从所表现的艺术特点分析，也有多种流派，主要有高技派、光亮派、白色派、新洛可可派、风格派、超现实派、解构主义派以及装饰艺术派等。

一、高技派（High-tech）

高技派或称重技派，突出当代工业技术成就，崇尚"机械美"，将金属结构、铝材、玻璃等技术结合起来构筑成了一种新的建筑结构元素和视觉元素，逐渐形成一种成熟的建筑设计语言。在室内暴露梁板、网架等结构构件以及风管、线缆等各种设备和管道，强调工艺技术与时代感。

高技派在建筑造型、风格上注意表现"高度工业技术"的设计倾向。高技派理论上极力宣扬机器美学和新技术的美感，主要表现在

图3-3-2 巴黎蓬皮杜艺术与文化中心

三个方面：① 提倡采用最新的材料——高强钢、硬铝、塑料和各种化学制品来制造体量轻、用料少，能够快速与灵活装配的建筑；强调系统设计（Systematic Planning）和参数设计（Parametric Planning）；主张采用与表现预制装配化标准构件。② 认为功能可变，结构不变。表现技术的合理性和空间的灵活性，既能适应多功能需要又能达到机器美学效果。③ 强调新时代的审美观应该考虑技术的决定因素，力求使高度工业技术接近人们习惯的生活方式和传统的美学观，使人们容易接受并产生愉悦。（图3-3-1、图3-3-2）

二、光亮派（The Lumin）

光亮派也称银色派，与新洛可可派如出一辙，竭力追求一种丰富夸张，富有戏剧性的效果。在室内设计中注重新型材料及现代加工工艺的精密细致及光亮效果，往往在室内大量采用镜面及平曲面玻璃、不锈钢，磨光的花岗石和大理石等作为装饰面材。在室内环境的照明方面，常使用投射、折射等各类新型光源和灯具，在金属和镜面材料的烘托下，形成光彩照

图3-3-1 伦敦劳埃德大厦

图3-3-3 光亮派作品

人、绚丽夺目的室内环境。（图3-3-3）

三、白色派（The White）

白色派对纯净的建筑空间、体量和阳光下的立体主义构图、光影变化十分偏爱，故被称为早期现代主义建筑的复兴主义。白色派的室内设计朴实无华，室内各界面以至家具等常以白色为基调，简洁明朗，例如美国建筑师R.迈耶（R. Meier）设计的史密斯住宅及其室内设计。白色派的室内设计，并不仅仅停留在简化装饰、选用白色等表面处理上，而是具有更为深层的构思内涵，设计师在室内环境设计时，是综合考虑了室内活动着的人以及透过门窗可见的变化着的室外景物。

白色派的室内设计特征：① 空间和光线是白色派室内设计的重要因素，往往予以强调。② 室内装修选

材时，墙面和顶棚一般均为白色材质，或者在白色中带有隐隐约约的色彩倾向。③ 运用白色材料时往往暴露材料的肌理效果。如突出白色云石的自然纹理和片石的自然凹凸，以取得生动效果。④ 地面色彩不受白色的限制，往往采用淡雅的自然材质地面覆盖物，也常使用浅色调地毯或灰地毯。也有的使用一块色彩丰富，几何图形的装饰地毯来分隔大面积的地板。⑤ 陈设简洁、精美的现代艺术品、工艺品或民间艺术品。绿化配置也十分重要。家具、陈设艺术品、日用品可以采用鲜艳色彩，形成室内色彩的重点。（图3-3-4、图3-3-5）

四、新洛可可派（New Rococo）

洛可可原为18世纪盛行于欧洲宫廷的一种建筑装饰风格，其特征是崇尚装饰，繁琐堆砌，矫揉造作，纤细矫情，做法主要表现为雕梁画柱，大量采用贵金属，家具纤细轻薄。新洛可仰承了洛可可繁复的装饰特点，但装饰造型的"载体"和加工技术却运用现代新型

图3-3-4 白色派室内空间

图3-3-5 白色派室内空间

图3-3-6 新洛可可派室内空间

图3-3-7 风格派室内空间

装饰材料和现代工艺手段，从而具有华丽而略显浪漫，传统中仍不失时代气息的装饰氛围。新洛可可在现代室内空间设计中仍具有典型的女性特点，其线条装饰图案等都具有女性的柔性情怀。新洛可可的主要特点：① 大量采用表面光滑和反光性强的材料。② 重视灯光的效果，特别喜欢用灯槽和泛光灯。③ 常采用地毯和款式新颖的家具，以制造光彩夺目、豪华绚丽、人动景移、交相呼应的气氛。（图3-3-6）

五、风格派（Style）

风格派起始于20世纪20年代的荷兰，以画家P.蒙德里安（P. Mondrian）等为代表的艺术流派，强调"纯造型的表现"，"要从传统及个性崇拜的约束下解放艺术"。风格派认为"把生活环境抽象化，这对人们的生活就是一种真实"。他们对室内装饰和家具经常采用几何形体以及红、黄、青三原色，间或以黑、灰、白等色彩相配置。风格派的室内，在色彩及造型方面都具有极为鲜明的特征与个性。建筑与室内常以几何方块为基础，对建筑室内外空间采用内部空间与外部空间穿插统一构成一

体的手法，并以屋顶、墙面的凹凸和强烈的色彩对块体进行强调。（图3-3-7）

六、超现实派（Super-rea）

超现实派认为现实世界之外还有一个梦幻世界存在，作品奇异怪诞，与现实格格不入，体现了"反常"的特征，却具有超越时间和空间的永恒感，给人以灵异、虚无的感觉。超现实派在室内布置中常采用异常的空间组织，曲面或具有流动弧形线型的界面，浓重的色彩，变幻莫测的光影，造型奇特的家具与设备，有时还以现代绘画或雕塑来烘托超现实的室内环境气氛。超现实派的室内环境较为适应具有视觉形象特殊要求的某些展示性或娱乐性的室内空间。（图3-3-8、图3-3-9）

图3-3-8 超现实派室内空间

图3-3-9 超现实派室内空间

七、解构主义派（Deconstructivism）

解构主义是在现代主义面临危机，而后现代主义一方面被某些设计家所厌恶，另一方面被商业主义滥用，因而没有办法对控制设计界三四十年之久的现代主义、国际主义起到取而代之的作用时，作为后现代时期的设计探索形式之一而产生的。解构主义是20世纪60年代，以法国哲学家J. 德里达（J. Derrida）为代表所提出的哲学观念，是对20世纪前期欧美盛行的结构主义和理论思想传统的质疑和批判。他的核心理论是对于结构本身的反感，认为符号本身已能够反映真实，对于单独个体的研究比对于整体结构的研究更重要。解构主义是对现代主义正统原则和标准批判地加以继承的产物，运用现代主义的语汇，却颠倒、重构各种既有语汇之间的关系，从逻辑上否定传统的基本设计

原则（美学、力学、功能），由此产生新的意义。用分解的观念，强调打碎、叠加、重组，重视个体、部件本身，反对总体统一，从而创造出支离破碎和不确定感。建筑和室内设计中的解构主义派对传统古典、构图规律等均采取否定的态度，强调不受历史文化和传统理性的约束，是一种貌似结构构成解体，突破传统形式构图，用材粗放的流派。（图3-3-10、图3-3-11）

图3-3-10 解构主义派室内空间

图3-3-11 解构主义派室内空间

八、装饰艺术派（艺术装饰派）（Art-deco）

装饰艺术派起源于 20 年代法国巴黎召开的一次装饰艺术与现代工业国际博览会，后传至美国等世界各地，如美国早期兴建的一些摩天楼即采用这一流派的手法。装饰艺术派善于运用多层次的几何线型及图案，重点装饰于建筑内外门窗线脚、檐口及建筑腰线、顶角线等部位。上海早年建造的老锦江宾馆及和平饭店等建筑的内外装饰，均为装饰艺术派的手法。近年来一些宾馆和大型商场的室内，出于既具时代气息，又有建筑文化的内涵考虑，常在现代风格的基础上，在建筑细部饰以装饰艺术派的图案和纹样。上海和平饭店大堂室内，装饰图形富有文化内涵，灯具及铁饰栏板的纹样极为精美，井格式平顶粉刷也具有精细图案，该大堂虽为近期重新装修，但仍保持原有建筑及室内典型的装饰艺术派风格。（图3-3-12、图3-3-13）

在当今高速发展的信息社会，人们对周围环境的需要除了能满足使用要求、物质功能之外，更注重对环境氛围、文化内涵、艺术质量等精神功能的需求。室内设计不同艺术风格和流派的产生、发展和变换，既是建

图3-3-13 装饰艺术派室内空间

筑艺术历史文脉的延续和发展，具有深刻的社会发展历史和文化的内涵，也必将极大地丰富人们与室内环境朝夕相处并活动于其间的精神生活。

图3-3-12 装饰艺术派室内空间

第四章

现代室内空间设计的基本原理

为了创造一个理想的现代室内空间环境，我们必须了解现代室内设计的依据和要求，并知道现代室内空间设计的方法、步骤及其基本观点。

第一节　现代室内空间设计的依据

现代室内空间设计的主要目的是在一定的经济条件下打造适用、美观的室内空间，所以就室内空间本身而言，设计时主要依据的是空间需要达成的功能、技术、美学的目标。

室内设计需要满足建筑预先设定的功能目标。不同的建筑有不同的功能目的，随着社会的发展，建筑的所有者和使用者也会提出越来越复杂的功能需求。设计对功能的设定应当是满足所有主要功能需求，此外争取满足部分次要功能需求，这样可以增加设计和空间的价值。要做到这一点，设计师需要提前分析空间的主要功能，做到完整不遗漏；同时在可能的次要功能分析上找出最能够增加建筑价值感的品种；并且，设计师还应考虑到人体尺度以及人们在室内停留、活动、交往、通行时的空间范围。功能的依据十分重要，不过建筑功能的复杂度还是具有相当的可变通性，主要功能当中也还有核心的和相对次要之分，设计师对此要有清晰的判断。

创造"美"作为室内设计重要的目的，它需要根据建筑的特性、使用者的观念和使用的

功能来创建。所有室内设计都有达成审美体验的目的，根据建筑的功能和技术条件，设计师总是尽可能地扩大设计对象在审美体验上的感染力。譬如纪念性的建筑，设计的依据就是创造纪念性审美体验的目的，大多会取对称、严谨的形式语言；（图4-1-1）而商业性空间则

图4-1-1 纪念性的空间设计

往往追求新奇特异的审美体验，达到吸引招揽顾客的目的。（图4-1-2）

在技术的运用上，室内设计受到当下技术的支持，同时也受到制约。设计设想变成现实，必须动用可选用的技术，包括材料技术、加工技术和使用技术等；必须提供实

图4-1-2 商业空间设计

物样品，采用现实可行的施工工艺。所有设计师都应在设计开始时就考虑到这些依据条件，发现设计的这种物质特征，并依据这种物质限制来尽可能地实现设计的功能和审美目标。在现代技术快速发展的条件下，设计师也可以发掘、利用新兴的技术，创造建筑的特殊地位和象征性。譬如现代办公楼运用

的"智能化"技术，能够大大提升建筑的价值感。这说明在有足够经济力量支持时，室内设计可以最大化地发挥技术的功效和价值内涵。

现代室内设计的评价，主要来自所有者、使用者和社会群体三个方面。设计师在实现这一类最贴近生活的设计时，必须关注来自以上三方面观念和目的的沟通和融合。而对三方面观念和目的的满足，也形成室内设计依据的另一个方面。我国室内设计的现状，对项目所有者的评价最为关注，出资方的目标和审美取向大多具有主导作用，一方面的原因是出资方对于资金的掌握代替了设计的判断，即经济核心力量大于文化核心力量；另一方面的原因是我国的设计发展还不够成熟，文化艺术的引导作用依然薄弱。

第二节 现代室内空间设计的要求

现代室内空间设计不能单纯作艺术装饰，其实创造丰富的空间造型，讲究科学，追求平和随意、率真自由的境界更重要，这才是室内设计的主要意旨。室内设计要有一个明确的统一的主题，统一可以构成一切美的形式和本质，用统一来规划设计，使构思变得既无价又有内涵。（图4-2-1、图4-2-2）现代室内空间设计以境界为最上，有

图4-2-1 现代室内空间设计

图4-2-2 现代室内空间设计

境界就自成高格。室内设计是装修与装饰的灵魂，要想室内空间以高层次的内涵与境界使生活更美满更愉悦，看上去舒服用起来便当，就必须重视、遵循现代室内空间设计的要求：

一、满足使用功能上的要求

（1）使用合理的室内空间组织和平面布局，满足人体尺度和人体活动规律，按人体活动规律划分功能区域。要按符合使用功能的性质对现代室内空间进行功能归类，使各功能空间形成一个统一的整体，既有联系又有区别，达到使用舒适高效的效果。（图4-2-3）

（2）室内的物理环境质量也是现代室内空间设计的一个重要条件。室内空间涉及的物理环境包括空气质量环境、热环境、光环境、声环境以及现代电磁场等。现代室内空间环境只有在满足上述物理环境质量要求的条件下，才能使人的生理要求得到基本保障。（图4-2-4）

（3）现代室内空间设计应满足安全性的要求，符合安全疏散、防火、卫生等设计规范，遵守与设计任务相适应的有关定额标准；采用合理的装修构造和技术措施，选择合适的装饰材料和设施设备，使其具有良好的经济效益；考虑调整室内功能、更新装饰材料和设备的可行性。

二、满足精神功能的要求：

（1）满足形式美和艺术美的要求。形式美和艺术美是两个不同的概念。在创作中凡是具有艺术美的作品都必须符合形式美的法则，而符合形式美规律的现代室内空间不一定具有艺术美。形式美与艺术美的差距就在于前者对

现实的审美关系只限于外部形式本身是否符合统一与变化、对比与微差、均衡与稳定等与形式有关的法则，而后者则要求通过自身的艺术形象呈现一定的思想内容，是形式美的升华。（图4-2-5）

（2）根据设计内容和使用功能的需要，每一个具体的空间环境应该能够体现特有的性格特征，即具有一定的个性。当然空间的性格还与设计师的个性有关，与特定的时代特征有关，与意识形态、宗教信仰、文学艺

图4-2-3 现代室内空间设计

图4-2-4 现代室内空间设计

图4-2-5 现代室内空间设计

术、民情风俗甚至地理特征等种种因素有关。（图4-2-6）

（3）具有所需要的意境：室内意境是现代室内空间环境中某种构思、意图和主题的集中表现，它不仅能被人感受到，而且还能引起人们的深思和联想。（图4-2-7）

图4-2-6 现代室内空间设计

图4-2-7 现代室内空间设计

第三节 现代室内空间设计的方法、步骤

现代室内设计是为委托设计的业主创造使用与美观功能兼备的室内空间环境而提供的服务，由于涉及内容复杂、涉及面较广，因此需要通过一种系统化的工作步骤与设计程序来解决在此过程中可能会遇到的每一个问题，科学合理的设计程序是最终设计质量达到预期目标的保障。对从事室内设计工作的专业人员而言，应该了解这些内容，并熟悉这些方法与过程。

设计的全局观念。框架建立之后，接下来就是细化的问题，也就是细处着手的问题。在进行设计时，必须根据室内的使用性质，深入调查、收集信息，掌握必要的资料和数据，明确室内空间的使用性质、使用功能，对其进行功能定位、时空定位、标准定位。从最基本的人体尺度、人流动线、活动范围和特点，家具与设备等的尺寸和使用它们必须的空间等着手。只有这样，设计才能深入，并比较符合客观实际的需要。（图4-3-1）

一、室内设计的方法

从设计者的思考方法来分析，室内设计的方法主要有以下几点：

1. 大处着眼、细处着手，总体构思与细部推敲相结合

大处着眼，是室内设计应该考虑的基本观点。大处着眼也就是以室内设计的总体框架为切入点，这样能使设计的起点比较高，有一个

图4-3-1 现代室内空间设计

2. 从里到外、从外到里，局部与整体协调统一

建筑师A. 依可尼可夫曾说："任何建筑创作，应是内部构成因素和外部联系之间相互作用的结果，也就是'从里到外''从外到里'。""里"是指某一室内环境，以及与这一室内环境连接的其他室内环境，以至建筑物的室外环境的"外"，里外之间有着相互依存的密切关系。设计时需要从里到外，从外到里多次反复协调，才能使其更趋完善合理，使室内环境与建筑整体的性质、标准、风格，与室外环境相协调统一。经过"从里到外""从外到里"的推敲，设计的整体性才能达到最大。（图4-3-2、图4-3 3）

3. 意在笔先或笔意同步，立意与表达并重

意在笔先原指创作绘画时必须先有立意，即深思熟虑，有了"想法"后再动笔，也就是说设计的构思、立意至关重要。可以说，一项室内设计，没有立意就等于没有"灵魂"，设计的难度也往往在于要有一个好的构思。具体设计时意在笔先固然好，但是一个较为成熟的构思，往往需要足够的信息量，需要有商讨和思考的时间，因此有时也可以边动笔边构思，即所谓笔意同步，在设计过程中使立意和构思逐步

图4-3-2 现代室内空间设计

图4-3-3 现代室内空间设计

明确。对于室内设计师来说，必须正确、完整，又有表现力地表达出室内环境设计的构思和意图，使业主和评审人员能够通过图纸、模型、说明等表达手段，全面地了解设计意图。图纸质量的完整、精确、优美亦应该是一个优秀室内设计作品的必备品质。

二、室内设计的程序步骤

现代室内空间设计是涉及众多学科的一项复杂的系统工程，室内设计的过程通常可以分为以下几个阶段，即：设计准备阶段、方案设计阶段、深化设计阶段、施工图设计阶段、设计实施阶段和竣工阶段。

1. 设计准备阶段

设计准备阶段主要是接受委托任务书，签订合同或者根据标书要求参加投标；明确设计期限并制定设计计划进度安排，考虑各有关工种的配合与协调；明确设计任务

和要求，如室内设计任务的使用性质、功能特点、设计规模、等级标准、总造价，根据任务的使用性质所需创造不同的室内环境氛围、文化内涵或艺术风格等；此外，还应熟悉设计有关的规范和定额标准，收集分析必要的资料和信息，包括对现场的调查踏勘以及对同类型实例的参观等。在签订合同或制定投标文件时，还包括设计进度安排、设计费率标准等。一般具体内容为：

（1）了解建筑的基本情况。

收集该建筑物（或某一建筑中特定空间）的平面图、立面图、剖面图和设计说明书。如上述资料无法收集时，则需采用测绘的方法予以补救。另外，在可能的条件下，应设法与原设计的建筑师进行交谈，充分了解原有的设计意图、建筑物的消防等级、机电设备配套情况等内容。

（2）了解业主的意图与要求。

应和业主进行仔细的交谈，了解他们对于各个空间的具体使用要求，装饰的意图和预期的效果。在这方面要特别注意的是：不顾业主的需求而自行其是的做法和一味听从业主要求的做法都是不可取的。正确的做法是：应该将业主潜在的心理需求通过设计师的创造性劳动来加以实现，有时应该通过合理的交流促使业主接受合理的建议。

（3）明确工作范围及相应范围的投资额。

目前国内关于土建工程与室内设计工程的有些界限有时并不十分明确，因此，在设计准备阶段应该对此予以明确。同时必须了解业主的装修投资情况，装修投资额对于选材和室内设计的整体效果具有十分重要的影响，必须在设计前做到心中有数。

（4）明确材料情况。

设计师应该了解可能涉及的材料的品牌、质量、规格、色彩、价格、供货周期、防火等级、环保安全指标等内容。随着安全意识的增强，国家对不同空间、不同装饰部位的材料的防火等级和有害物控制有严格的要求，必须引起设计师的重视。另外，设计师还应该了解材料的供货渠道，以便更好地为业主和工程服务。

（5）实地调研和收集资料。

测量现场，对施工场所以及周围的地理和社会生活环境及其他种种条件和情况作文字记录，按恰当的比例绘图。拍摄必要的照片，以便进行研究和存查。同时，应尽可能搜集到必要的设计参考资料，研究其借鉴的可能性。

（6）拟定任务书。

在许多设计实践中，常会遇到业主的设计委托书不全，或只标明大概的投资金额。业主多以其他工程作参照，或待设计方案出台后，再研究明确投资金额。这样，设计方案常会因业主的意见而不断修改。鉴于此种情况，接受委托的设计师务必与业主协商明确设计的内容、条件、标准，先拟定一份合乎实际需求、经过可行性研究的设计方案委托书。

2. 方案设计阶段

方案设计阶段是在设计准备阶段的基础上，进一步收集、分析、运用与设计任务有关的资料与信息，形成相应的构思与立意，进行多方案设计，继而经过方案分析、比较、选择，从而确定最佳方案的阶段。在这个阶段中，室内设计师将通过初步构思—吸收各种因素介入—调整—绘成草图—修改—再构思—再绘成图式的反复操作阶段，最后形成一个为各方均能满意接受的理想设计方案。这一过程实际上是室内设计师的思维方式从概念升为形象的过程，是通常说的室内设计师头脑中的设计语言通过形象思维转化为清晰的设计图式形象的过程。这一阶段是设计程序中的关键阶段，室内设计师的想象力起着重要的作用。

方案设计阶段提供的设计文件主要包括设计说明书和设计图纸。其中，设计说明书是设计方案的具体解说，涉及：建筑空间的现状情况、相关设计规范要求、设计的总体构思、对功能问题的处理、平面布置中的相互关系、装饰的风格和处理方法、装修技术措施等。设计图纸主要包括：① 平面图（包括家具布置），常用比例为1：50、1：100；② 室内立面展开图，常用比例1：20、1：50；③ 平顶图或仰视图（包括灯具、风口等布置），常用比例1：50、1：100；④ 室内透视图（彩色效果）；⑤ 室内装饰材料实样版面（墙纸、地毯、窗帘、室内纺织面料、墙地面砖及石材、木材等均用实样，家具、灯具、设备等用实物照片）；⑥ 设计意图说明和造价概算。

3. 深化设计阶段

在实际工作中，除了大型的、技术要求比较高的室内设计项目外，一般的室内设计项目分为两个阶段进行，即方案设计阶段和施工图设计阶段。设计单位一般在吸收业主和专家意见的基础上，对原方案设计进行调整，然后直接进入施工图设计阶段。对于大型的、技术要求较高的室内设计项目，应该进行方案深化设计，以报业主和有关部门进一步确认。深化设计是对方案设计的进一步完善和深入，是从方案设计到施工图设计的过渡阶段。这个阶段要完善工程和方案中的一系列具体问题，作为下一步制定施工图、确定工程造价、控制工程总投资的重要依据。深化设计阶段提供的图纸种类基本与方案设计阶段相似，但更有深度，并从各专业角度考虑、论证方案设计的技术可行性。这一阶段应包括其他配套专业的相关图纸。

4. 施工图设计阶段

施工图设计阶段，主要是在完整性和准确性两方面为工程施工作进行更进一步的准备，切实保障工程的设计质量和施工技术水平。施工图是编制工程预算、银行拨付工程款以及安排材料和设备的依据。施工图设计阶段提供的成果主要包括设计说明书与设计图纸两部分。设计说明书是对施工图设计的具体解说，以此说明施工图设计中对工程的总体设计要求、规范要求、质量要求、施工约定以及设计图纸中未表明的部分内容。施工图是工程施工的依据，其内容应包括：完成施工中必需的平面图、立面图和平顶图。设计师应该详细标明图纸中有关物体的尺寸、做法、用材、色彩、规格等；画出必要的细部大样和构造节点图。设计师应该特别重视对饰面材料的分缝定位尺寸，重视材料的对位和接缝关系。在施工图设计中，必须充分考虑上下水系统、强弱电系统、消防系统、空调系统等的管线和设备的布局定位以及施工配套顺序。完整的施工图纸必须包括上述各专业的施工图纸，以及装饰配部件、五金门锁、卫生洁具、灯光音响、厨房设备等的详细文件资料。

施工图出图时必须使用图签，并加盖出图章。图签中应有工程负责人、专业负责人、设计人、校核人、审核人等签名。施工图设计阶段还应提供施工图设计概预算。施工图设计概预算是指在施工图设计完成后，装修工程开工前，根据设计说明书和施工设计图纸计算的工程量、国家规定的现行预算定额、单位估价表、各项费用取费标准，以及各种技术资料，进行计算和确定工程费用的经济文件。

5. 设计实施阶段

设计实施阶段即工程的施工阶段。室内工程在施工前，室内设计师应向施工人员解释图纸中的相关内容，并根据工程进展情况，进行现场配合与指导，及时回答现场施工人员的问题，进行必要的设计调整和局部修改，保证施工顺利进行。在施工阶段，由专门监理单位承担工程监理的任务，对装修施工进行全面的监督与管理，以确保设计意图的实施，使施工按期、保质、保量、高效协调地进行。施工结束时，会同质检部门和建设单位进行工程验收。为了使设计取得预期效果，室内设计人员必须抓好设计各阶段的环节，充分重视设计、施工、材料、设备等各个方面，并熟悉、重视与原建筑物的建筑设计、设施（风、水、电等设备工程）设计的衔接，同时还须协调好与建设单位和施工单位之间的相互关系，在设计意图和构思方面取得沟通与共识，以期取得理想的设计工程成果。

6. 竣工阶段

施工单位完成了施工作业，需要经过竣工验收，合格后才能把场地移交给业主使用。竣工验收环节，设计师也是必须参加的，既要对施工单位的施工质量进行客观评价，也应该对自身的设计质量进行客观评估。设计质量评估是为了确定设计效果是否满足使用者的需求，一般应在竣工交付使用后6个月、1年甚至2年时，分四次对用户满意度和用户环境适合度进行追踪测评。室内设计工程只有通过评价才能知道设计中的不足，才能更好地总结经验，改进设计，并不断提高设计水平。

由上可知，一个现代室内空间设计项目从立项到竣工，设计在其中起到了龙头作用，设计师是项目成败的核心，因此设计师的专业能力和敬业精神对项目都是至关重要的。

第五章

现代室内空间组织和界面设计

第一节　现代室内设计的空间组织

不同时代的生活方式，对室内空间提出了不同的要求，正是由于人类不断改造和现实生活紧密相联的室内环境，室内空间的发展变得永无止境，并在空间的量和质两方面充分体现出来。对现代室内空间设计来说，这种内与外、人工与自然、外部空间和内部空间的紧密相联的、合乎逻辑的内涵，是室内设计的基本出发点，也是室内外空间交融、渗透、更替现象产生的基础，并表现在空间上既分隔又联系的多类型、多层次的设计手法上，以满足不同条件下对空间环境的不同需要。

一、现代室内空间的概念

在大自然中空间是无限的，但就现代室内设计所涉及的范围而言，空间往往是有限的，空间几乎是和实体同时存在的，被实体要素限定的虚体才是空间。（图5-1-1、图5-1-2）室内空间是人类劳动的产物，是相对于自然空间而言的，是人类有序生活组织所需要的物质产品。从室内空间的变迁历史我们会发现，室内环境与生活方式密切相关，不论物质或精神上的需要，都是受到当时社

会生产力、科学技术水干和经济文化等方面的制约，这是一个相互影响、相互联系的动态过程，不同时期空间形式与品质带有明显的时代烙印。因此，室内空间的内涵、概念也不是一成不变的，而是在不断地补充、创新和完善。（图5-1-3、图5-1-4）

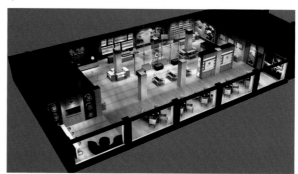

图5-1-1 现代室内空间设计的空间组织

图5-1-2 现代室内空间设计的空间组织

图5-1-3 现代室内空间设计的空间组织

图5-1-4 现代室内空间设计的空间组织

对于一个具有地面、顶盖、东南西北四方界面的六面体的房间来说，室内外空间的区别容易被识别，但对于不具备六面体的围蔽空间，可以表现出多种形式的内外空间关系，有时确实难以在性质上加以区别。但现实生活告诉我们，具备地面（楼面）、顶盖、墙面三要素的房间是典型的室内空间；不具备三要素的，除院子、天井外，有些可称为开敞、半开敞等不同层次的室内空间。正像两千多年前老子说的那样："埏埴以为器，当其无，有器之用。凿户牖以为室，当其无，有室之用。是故有之以为利，无之以为用。"（《老子》第十一章）老子的观点十分清晰，生动地论述了"实体"和"虚体"的辩证关系，同时亦阐明了空间的组织、限定和利用。我们的目的不是企图在这里对不同空间形式下确切的定义，但上述的分析对创造、开拓室内空间环境具有重要意义。譬如，希望扩大室内空间感时，显然以延伸顶盖最为有效。而地面、墙面的延伸，虽然也有扩大空间的感觉，但主要的是体现室外空间的引进，室内外空间的紧密联系。而在顶盖上开洞，设置天窗，则主要表现为进入室外空间，同时也具有开敞的感觉。（图5-1-5、图5-1-6）

图5-1-5 现代室内空间设计的空间组织

图5-1-6 现代室内空间设计的空间组织

二、现代室内空间组合

室外是延伸的，室内是有限的，生活在有限的空间中，对人的视距、视角、方位等方面有一定的限制。因此，现代室内空间组合首先应该根据物质功能和精神功能的要求进行创造性的构思，由外到内，由内到外，反复推敲，使室内空间组织达到科学性、经济性、艺术性，理性与感性的完美结合，做出有特色、有个性的空间组合。（图5-1-7）组织空间离不开结构方案的选择和具体布置，结构布局的简洁性和合理性与空间组织的多样性和艺术性，应该很好地结合起来。经验证明，在考虑空间组织的同时应该考虑室内家具等的布置要求以及结构布置对空间产生的影响，否则会带来不可弥补的先天性缺陷。在规模较大的室内设计项目中，常常需要根据功能而对原有的建筑空间进行再划分与再限定，这时便会涉及不同空间之间的组合。一般而言，不同空间之间的组合方式有以下几种：以廊为主的组合方式、以厅为主的组合方式、套间形式的组合方式和以某一大型空间为主体的组合方式。这几种方式既各有特色又经常互有联系，形成了形式多样的空间效果。

1. 以廊为主的组合方式

这种空间组合方式的最大特点在于各使用空间之间可以没有直接的连通关系，而是

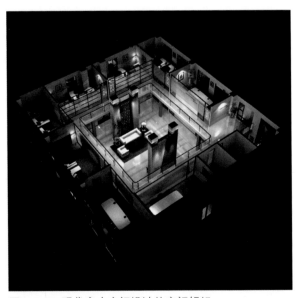

图5-1-7 现代室内空间设计的空间组织

借走廊或某一专供交通联系用的狭长空间来取得联系。此时使用空间和交通联系空间各自分离，这样既保证了各使用空间的安静和不受干扰，同时通过走廊又把各使用空间连成一体，并保持必要的联系。当然，在具体设计中，走廊可长可短、可曲可直、可宽可狭、可封可敞、可虚可实，以此取得丰富而颇有趣味的空间变化。（图5-1-8）

图5-1-8 古根海姆博物馆

2. 以厅为主的组合方式

在室内空间布局时，亦常采用以厅为主的组合方式。从交通组织而言，厅有集散人流、组织交通和联系空间的功能，同时它亦具有观景、休息、表演、提供视觉中心等多种作用。这种组合方式一般以厅为中心，其他各使用空间呈辐射状与厅直接连通。通过厅既可以把人流分散到各使用空间，也可以把各使用空间的人流汇集至厅，使厅负担起人流分配和交通联系的作用。人们可以从厅任意进入一个使用空间而不影响其他使用空间，增加了使用和管理上的灵活性。在具体设计中，厅的尺寸可大可小，形状亦可方可圆，高度可高可低，甚至数量亦可视建筑的规模大小而不同。在大型建筑中，常可以设置若干个厅来解决空间组织的问题。（图5-1-9）

图5-1-9 以厅为主的空间组合

3. 套间形式的组合方式

套间形式的组合方式把各使用空间直接衔接在一起而形成整体，不存在专供交通联系用的空间，取消了交通空间与使用空间之间的差别。这在以展示功能为主的空间布局上尤其常见。图5-1-10、图5-1-11即是套间形式组合方式的示意图。Fabio Novembre工作室为米兰设计三年展设计了一个以色彩为主导引领游客参观的活动展览。展览一共

图5-1-10 以套间形式空间组合

图5-1-11 以套间形式空间组合

分为9个部分：书籍，信件，杂志，文化和政治、包装、广告、视觉识别、视频和交通标识等。这9个内容被分为9个区域在博物馆中进行展出。

4. 以一个大空间为主体的组合方式

在空间布局中，有时可以采用以某一体量巨大的空间作为主体、其他空间环绕其四周布置的方式。这时，主体空间在功能上往往较为重要，在体量上亦比较大，主从关系十分明确。在体育类和观演类建筑中，观众厅就是这样的主体空间。观众厅一般是整个建筑物中最主要的功能所在，而且体量巨大，其他各种辅助房间必然和其发生关系。形成了一种独特的空间组合形式。（图5-1-12、图5-1-13）

图5-1-12 韩国大碗展览建筑剧院

图5-1-13 韩国大碗展览建筑剧院

上述四种常见的空间组合方式经常结合使用。不论是怎样的空间组织，一切都应该从总体构思出发，从形式美的原则出发，综合考虑使用、美观、经济的要求，灵活运用各种空间组合方式，创造出丰富多彩的空间效果。

三、现代室内空间形式与构成

建筑就其形式而言，就是一种空间构成，但并非有了建筑内容就能自然生长、产生出形式来。功能决不会自动产生形式，形式是靠人类的形象思维产生的。通过设立、围合、凸起、下沉、覆盖、悬架、色彩肌理变化等方法就可以在原空间中限定构成出新的空间形式，然而由于限定元素本身的不同特点和不同的组合方式，其形成的空间形式与构成的感觉也不尽相同（图5—1—14、图5—1—15）。一般强化界面的水平划分使空间更舒展；强化界面的垂直划分减弱空间的压抑感；使用粗糙的材料和大花图案，可以增加空间的亲切感；使用光洁材料和小花图案，可以使空间显得开敞，从

而减少空间的狭窄感；用镜面玻璃或不锈钢装饰粗壮的梁柱，可以在视觉上使梁柱"消肿"，使空间不显得拥塞；用冷暖不同的颜色可以使空间分别显得宽敞和紧凑等；要精工细作，充分保证工艺的质量，特别注意拼缝和收口，做到均匀、整齐、利落，充分反映材料的特性、技术的魅力和施工的精良。因此，同样的内容也并非只有一种形式才能表达，研究空间形式与构成，就是为了更好地体现室内的物质功能与精神功能的要求。（图5—1—16、图5—1—17）

图5-1-14 现代室内空间形式与构成

图5-1-15 现代室内空间形式与构成

图5-1-16 现代室内空间形式与构成——宁波博物馆

图5-1-17 现代室内空间形式与构成

1. 现代室内空间的形式美

构成的含义最简单的说法就是"组合"，进行高度的概括，加以理性的排列，构成新的艺术形象。现代室内空间设计首先是一种造型设计，重视对形式的处理是建筑设计、现代室内空间设计乃至工业产品设计与景观设计的共同之处，设计师的一项重要任务就是要创造美，创造美的环境。由于时代不同，地域、文化及民族习惯不同，在形式处理方面有极大的差别，它是将造型要素按某种规律和法则组织，建构理想形态的造型行为，是一种科学的认识和创造方法。它一般都遵循一个共同的准则——多样统一。（图5-1-18、图5-1-19）既有变化、又有秩序就是室内设计乃至其他设计的必备原则。因此，多样统一是形式美的准则，具体说来，又可以分解成以下几个方面，即：均衡与稳定，韵律与节奏，对比与微差，重点与一般。

（1）均衡与稳定：均衡一般指的是室内构图中各要素左与右、前与后之间的联系。稳定常常涉及室内设计中上、下之间的轻重关系的处理，在传统的概念中，上轻下重，上小下大的布置形式是达到稳定效果的常见方法，常常可以通过完全对称、基本对称以及动态均衡的方法来取得。对称是极易达到均衡的一种方式，而且往往同时还能取得端庄严肃的空间效果。图5-1-20—图5-1-22采用的都是均衡与稳定的布置方法，既可感到轴线的存在，同时又不乏活泼之感，特别是第一例气氛轻松，适合现代生活要求。

（2）韵律与节奏：在现代室内环境中，韵律的表现形式很多，比较常见的有连续韵律、渐变韵律、起伏韵律与交错韵律，它们分别能产生不同的节奏感。

图5-1-18 现代室内空间的形式美

图5-1-19 现代室内空间的形式美

图5-1-20 柏林自由大学语言学院图书馆

图5-1-21 均衡与稳定

图5-1-22 均衡与稳定

　　连续韵律一般是以一种或几种要素连续重复排列，各要素之间保持恒定的关系与距离，可以无休止地连绵延长，往往给人以规整整齐的强烈印象。如一般房间的设计是由许多不同的线条组成的，连续线条具有流动的性质，在室内经常用于踢脚板、挂镜线、装饰线条的镶边，以及各种在同一高度的家具陈设所形成的线条，如画框顶和窗楣的高度一致，椅子、沙发和桌子高度一致等。渐变韵律是把连续重复的要素进行一系列的级差变化，使眼睛从某一级过渡到另一级，这个原则也可通过线条、大小、形状、明暗、图案、质地、色彩的渐次变化而变得更为生动和有生气。（图5-1-23）交错韵律是当我们把连续重复的要素相互交织、穿插，就可能产生忽隐忽现的效果，图5-1-24构成了现代室内空间中的交错韵律，增添了室内的古典气息。渐变韵律往往能给人一种循序渐进

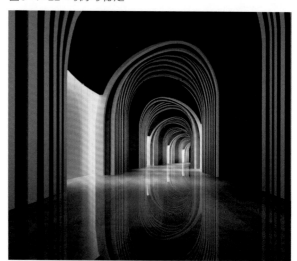

图5-1-23 现代室内空间中连续韵律

图5-1-24 现代室内空间中交错韵律

的感觉或进而产生一定的空间导向性。运用渐变方法，或许利用陈设品比用大件家具更容易做到。（图5-1-25）如果渐变韵律按一定的规律时而增加，时而减小，有如波浪起伏或者具有不规则的节奏感时，就形成起伏韵律，这种韵律常常比较活泼而富有运动感。（图5-1-26）

图5-1-25 现代室内空间中渐变韵律

图5-1-26 芭提雅希尔顿酒店——起伏韵律

（3）对比与微差：在室内设计中，对比与微差是十分常用的手法，两者缺一不可。对比指的是要素之间的差异比较显著；微差则指的是要素之间的差异比较微小。作为室内设计师来讲，应利用这种对比与微差创造富有美感的内部空间。对比可以借彼此之间的烘托来突出各自的特点以求得变化，微差则可以借相互之间的共同性而求得和谐。在室内环境中，对比与微差体现在各种场合，只要是同一性质间的差异，就会有对比与微差的问题，如大与小、直与曲、虚与实以及不同形状、不同色调、不同质地，等等。（图5-1-27、图5-1-28）

图5-1-27 现代室内空间中对比与微差

图5-1-28 现代室内空间中对比与微差

（4）重点与一般：在现代室内空间设计中，重点与一般的关系比较多的是运用轴线、体量、对称等手法而达到主次分明的效果。图5-1-29为某酒店大堂内景，大厅采用

图5-1-29 现代室内空间中重点与一般

对称的手法突出了墙面隔断，使之成为该大堂的重点装饰。我们要根据房间的性质，进行有意识的突出和强调，经过周密的安排、筛选、调整、加强和减弱等一系列的工作，使整个室内主次分明，重点突出，形成一般所谓视觉焦点或趣味中心。（图5-1-30、图5-1-31）在一个房间内可以多于一个趣味中心，但重点太多必然引起混乱。趣味中心有

时也称视觉焦点，它一般都是作为室内环境中的重点出现，有时其体量并不一定很大，但位置往往十分重要，可以起到点明主题、统帅全局的作用。在趣味中心的周围，背景应宁可使其后退而不突出，只有在不平常的位置，利用不平常的陈设品，采用不平常的布置手法，方能出其不意地构建室内的趣味中心。（图5-1-32、图5-1-33）

2. 现代室内空间构成要素

人们对室内环境气氛的感受，通常是综合的、整体的，既有空间形状，也有作为实体的界面。现代室内空间作为一个统一体或整体组成部分，不考虑其在色彩、照明、线条、形式、图案、质地或空间之间的相互关系是不可能的。因为这些要素中的某一种，多少在某些方面对整体效果起到一定作用，其中光、色、质将在以后的章节中讨论，这里仅对下面几个主要因素加以论述：

（1）点、线、面、体。

点：在概念上，点没有长、宽、高，是静态的，无方向性的。在现代室内环境中，有规律排列的点的组合，能给人以秩序感，反之则给人活泼的感受。（图5-1-

图5-1-30 现代室内空间中重点与一般

图5-1-31 现代室内空间中重点与一般

图5-1-32 现代室内空间中重点与一般

图5-1-33 现代室内空间中重点与一般

34）有时，点的巧妙组合还能产生一定的导向作用。在室内设计中，较小的形都可以视为点。例如，一幅小画在一块大墙面上或一个家具在一个大房间中都可以视为点。（图5-1-35）尽管点的面积或体积很小，但它在空间中的作用却不可小视。点在室内环境中起到的最明显的作用是标明位置或使人的视线集中，特别是形、色、质、大小与背景不同或带有动感的点，更容易引人注目，例如美国国家美术馆东馆大厅内的著名动雕，就凭其奇特的形状、鲜艳的色彩和随气流移动的动感而成为一处引人注目的景观。（图5-1-36）

线：一条线只有单维元次，即长度，在视觉上居主导地位。任何物体都可以找出它的线条组成，以及它所表现的主要倾向。线与点不一样，点是静态的，无方向性；而线则具有表达运动、方向和生长的特性。作为可见形，一条线的视觉特性取决于它的粗细程度、轮廓形状和连续程度给人的感觉。下面是常见的线的分类：直线、曲线。

直线的一个重要特性就是它的方向性，能够表达稳定与平衡。平行线使人觉得稳定、舒缓、安静、平和和轻松，它有助于增加房间的宽度。垂直线因其垂直向上，表示刚强有力，具有严肃的或者刻板的男性的效果，能够增加室内纵向空间感。斜线可视为正在升起或下滑，暗示着一种运动，在视觉上是积极而能动的，给人以动势和不安定感。锯齿形设计是两条斜线的相会，运动从而停止。但连续的锯齿形，具有类似波浪起伏式的前进状态。曲线更倾向于表现柔和的运动，不同的曲线常给人带来不同的联想。如抛物线流畅悦目，有速度感；螺旋线有升

腾感和生长感；圆弧线则规整稳定，有向心的力量感。在现代室内空间中的曲线总是富有变化，可以打破因大量直线而造成的呆板感，使空间富有人情味与亲切感。但过于繁琐或无规律的曲线，也容易造成浮华和杂乱

图5-1-34 现代室内空间中重点与一般

图5-1-35 现代室内空间中重点与一般

图5-1-36 现代室内空间中重点与一般

的感觉。（图5-1-37—图5-1-41）

面：在概念上面是两维的，有长度和宽度，但无厚度。在现代室内空间中，面的组合丰富多彩，其空间效果往往引人入胜。图5-1-

42、图5-1-43室内空间造型充分利用了不同面的穿插、组合，形成连续、流动的空间效果。常见的面的形态，平面：垂直面、水平面、斜面；曲面：直纹曲面、非直纹曲面、螺旋面、

图5-1-37 现代室内空间构成要素

图5-1-38 现代室内空间构成要素——BP办公大楼

图5-1-39 特拉维夫艺术博物馆

图5-1-40 现代室内空间构成要素

图5-1-41 现代室内空间构成要素

图5-1-42 现代室内空间构成要素

图5-1-43 现代室内空间构成要素

非螺旋面、自由面。

　　在现代室内空间设计中，面所处的位置常常有三处，即顶界面、底界面与侧界面，它们特有的视觉特性和在空间中的相互关系决定了所界定的空间的形式与性质。平面比较单纯，具有直截了当的性格。在平面之中，水平面显得平和宁静，有安定感；垂直面有紧张感，显得高洁挺拔；斜面有动感，效果比较强烈。曲面则常常显得温和轻柔，具有动感和亲切感。其中几何曲面比较有理性，而自由曲面则显得奔放与浪漫。从对空间的限定与导向而言，曲面往往比垂直面有更好的效果。曲面的内侧区域感较明确，给人以安定感，而曲面的外侧，则更多地反映出对空间和视线的导向性。（图5-1-44）

　　体：一个面沿着非自身表面的方向扩展时，即可形成体。（图5-1-45）在概念上和现实中，体量均存在于三维空间中。体用来描绘一个体量的外貌和总体结构，一个体所特有的体形是由体量的边缘线和面的形状及其内在关系所决定的。体既可以是实体（即实心体量），也可以是虚体（由点、线、面所围合的空间）。体的这种双重性也反映出空间与实体的辩证关系：体能限定出空间的尺寸大小、尺度关系、颜色和质地；同时，空间也预示着各个体。这种体与空间之间的共生关系可以在室内设计的几个尺度层次中反映出来。

　　（2）图案纹样。

　　图案纹样几乎是千变万化的，可有不同的线条构成，有各种不同的植物、动物、花卉、几何图案、抽象图案等。它们常占有室内的极大的面积，在室内很引人注意，用得恰当可以增加趣味，并起到装饰作用，丰富室内景观。采取什么样的图案花纹，其形状、大小、色彩、比例与整个空间尺度也有关系，应与室内总的效果和装饰目的结合起来考虑，图5-1-46采用中国传统的图案，和整个建筑的主导思想非常吻合。

图5-1-44　现代室内空间构成要素

图5-1-45　现代室内空间构成要素

图5-1-46　现代室内空间构成要素

第二节 现代室内空间设计的界面处理

现代室内空间是由界面围合而成的，即由合成室内空间的底面（楼、地面）、侧面（墙面、隔断）和顶面（平顶、顶棚）组成。人们使用和感受室内空间，但通常直接看到甚至触摸到的则为界面实体。位于空间顶部的平顶和吊顶等称为顶界面，位于空间下部的楼面、地面等称为底界面，位于空间四周的墙、隔断与柱廊等称为侧界面。

一、现代室内空间界面的功能特点以及应遵循的原则

在现代室内空间设计时，各类界面在使用功能方面各有它们的特点。

1. 现代室内空间各类界面的功能特点

（1）底面（地面）：耐磨、防滑、易清洁、防静电等；

（2）侧面（墙面、隔断）：较高的隔声、吸声、保暖、隔热要求；

（3）顶面（平顶、天棚）：质轻，光反射率高，较高的隔声、吸声、保暖、隔热要求。

2. 现代室内空间界面装饰设计，要遵循以下几条原则

原则一：安全可靠，坚固适用。

在装饰设计中一定要认真解决安全可靠、坚固适用的问题。由于界面与部件大都直接暴露在大气中，或多或少地受到物理、化学、机械等因素的影响，有可能因此而降低自身的坚固性与耐久性。其质量的好坏，不仅直接关系到空间的使用效果，甚至关系到人民的财产与生命。因此，现代室内空间界面装饰材料往往要有较高的防水、防潮、防火、防震、防酸、防碱以及吸声、隔声、隔热等功能。为此在装饰过程中常运用涂刷、裱糊、覆盖等方法，根据不同功能性质的室内空间采用相应的材料加以保护，不仅使其符合安全可靠，坚固适用的原则，而且通过相应的界面材料烘托室内的环境氛围。

原则二：造型美观，具有特色。

要充分利用界面与部件的设计强化空间氛围。一方面，通过其自身的形状、色彩、图案、质地和尺度，适合界面装饰的相应部位，让空间显得光洁或粗糙，凉爽或温暖，华丽或朴实，空透或闭塞，从而使空间环境能体现应有的功能与性质。另一方面，现代室内空间设计具有动态发展的特点，并非是"以逸待劳"的，而是需要更新、讲求时尚。（图5-2-1、图5-2-2）

图5-2-1 现代室内空间界面装饰设计

图5-2-2 现代室内空间界面装饰设计

原则三：选材合理，造价适宜。

材料的选用，应注意"精心设计，巧于用材、优材精用、一般材质新用"。这不但关系功能、造型和造价，而且关系人们的生活与健康。要充分了解材料的物理特性和化学特性，切实选用无毒、无害、无污染的材料。要合理表现材料的软硬、冷暖、明暗、粗细等特征，一方面切合环境的功能要求，一方面借以体现材料的自身表现力，努力做到优材精用、普材巧用、合理搭配。要注意选用竹、木、藤、毛石、卵石等地方性材料，达到降低造价、体现特色的目的。

原则四：优化方案，方便施工。

针对同一界面和部件，可以拿出多个装修方案。要从功能、经济、技术等方面进行综合比较，从中选出最为理想的方案。要考虑工期的长短，尽可能使工程早日交付使用。要考虑施工的简便程度，尽量缩短工期，保证施工的质量。例如有的地区，应适当选用当地的地方材料，既减少运输，相应地降低了造价，又使室内装饰具有地方风味。

二、现代室内空间界面的装饰设计

界面的装饰设计是影响空间造型和风格特点的重要因素，一定要结合空间特点，从环境的整体要求出发，创造美观耐看、气氛宜人、富有特色的内部环境。

1. 顶界面的装饰设计

顶界面楼板下面直接用喷、涂等方法进行装饰的称平顶；在楼板之下另做吊顶的称吊顶或顶棚，平顶和吊顶又统称天花板。顶界面是现代室内空间的一个重要界面，尽管它不能像地面和墙面那样与人的关系非常直接，但它却是室内空间三种界面中面积较大的界面。顶界面在高大空间中视域比值很高，极大地影响环境的使用功能与视觉效果，必须从环境性质出发，综合各种要求，强化空间特色。

顶界面的装饰设计首先涉及顶棚的造型。从建筑设计和装饰设计的角度看，顶棚的造型可分以下几大类：

（1）平面式：特点是表面平整，造型简洁，占用空间高度小，常用发光龛、发光顶棚等照明，适用于办公室和教室等。（图5-2-3）

（2）折面式：表面有凸凹变化，可以与槽口照明相接合，能适应特殊的声学要求，多用于电影院、剧场及对声音有特殊要求的场所。（图5-2-4）

（3）曲面式：包括筒拱顶及穹窿顶，特色是空间高敞，跨度较大，多用于车站、机

图5-2-3　现代室内空间顶界面的装饰设计

图5-2-4　悉尼歌剧院

场等建筑的大厅等。（图5-2-5）

（4）网格式：包括混凝土楼板中由主次梁或井式梁形成的网格顶，也包括在装饰设计中另用木梁构成的网格顶。后者多见于中式建筑，意图是模仿中国传统建筑的天花板。（图5-2-6、图5-2-7）网格式天花板造型丰富，可在网眼内绘制彩画，安装贴花玻璃、印花玻璃或磨砂玻璃，并在其上装灯；也可在网眼内直接安装吸顶灯或吊灯，形成某种意境或比较华丽的气氛。一般特征：因

势利导，因地制宜，纵横交错，形成很好的图案效果，中间或交点布置灯具，石膏花纹或彩画，使外观生动美观，能表现出特定的气氛和主题。

（5）分层式：也称叠落式，特点是整个天花板有几个不同的层次，形成层层叠落的态势。电影院、会议厅等，空间的顶棚常常采用暗灯槽，以取得柔和均匀的光线。与这种照明方式相适应，顶棚可以做成分层式顶棚。分层式顶棚的特点是简洁大方，与灯具、通风口的结合更自然。在设计这种顶棚时，要特别注意不同层次间的高度差，以及每个层次的形状与空间的形状是否相协调。（图5-2-8、图5-2-9）

（6）悬吊式：就是在楼板或屋面板上垂吊织物、平板或其他装饰物。悬吊织物的具有飘逸潇洒之感，可有多种颜色和质地，常用于商业及娱乐建筑；悬吊平板的，可形成

图5-2-5 首都机场T3航站楼

图5-2-6 现代室内空间顶界面的装饰

图5-2-7 现代室内空间顶界面的装饰

图5-2-8 现代室内空间顶界面的装饰

图5-2-9 无锡大剧院

不同的高低和角度，多用于具有较高声学要求的厅堂；悬吊旗帜、灯笼、风筝、飞鸟、蜻蜓、蝴蝶等，可以增加空间的趣味性，多用于高敞的商业、娱乐和餐饮空间；悬吊木制或轻钢花格，体量轻盈，可以大致遮蔽其上的各种管线，多用于超市；如在花格上悬挂葡萄、葫芦等植物，可以创造田园气息，多用于茶艺馆或花店等。（图5-2-10—图5-2-12）

（7）玻璃顶棚：现代大型公共建筑的大空间，如展厅、四季厅等，为了满足采光的要求，打破空间的封闭感，使环境更富有情趣，除把垂直界面做得更加开敞、空透外，还常常把整个顶棚做成透明的玻璃顶棚。（图5-2-13、图5-2-14）

（8）发光顶棚：在天棚里，普通均匀布灯管，下面满散乳白玻璃或毛玻璃，给室内造成一种白昼的感觉。（图5-2-15、图5-2-16）

图5-2-10 现代室内空间顶界面的装饰

图5-2-11 瓜纳华托州图书馆

图5-2-12 瓜纳华托州图书馆

图5-2-13 浙江美术馆

图5-2-14 浙江美术馆

图5-2-15 柏林自由大学语言学院图书馆

图5-2-16 现代室内空间顶界面的装饰

在现代的建筑中，还常用金属板网做顶棚的面层。金属板主要有铝合金板、镀锌铁皮、彩色薄钢板等。钢板网可以根据设计需要，涂刷各种颜色的油漆。这种顶棚的形状多样，可以得到丰富多彩的效果，而且容易体现时代感。此外还有用镜面做顶棚的。

2. 侧界面的装饰设计

侧界面装饰设计除了要遵循界面设计的一般原则外，还应充分考虑侧界面的特点，在造型、选材等方面进行认真的推敲，全面顾及使用要求和艺术要求，充分体现设计的意图。侧界面的常见风格有三大类：第一类是中国传统风格，第二类为西方古典风格，第三类为常见的现代风格。中国传统风格的侧界面，大多借用传统的建筑符号，并多用一些表达吉样的图案，表达祝福喜庆之意，或是以中国传统山水画表达一种意境之美。（图5-2-17）西方古典风格的侧界面，大都模仿古希腊、古罗马的建筑符号，并喜用雕塑做装饰，其间常常出现一些古典柱式、拱券等形象。有些古典风格的侧界面则着力模仿巴洛克、洛可可的装饰风格。（图5-2-18）现代风格的侧界面大都简约，它们不刻意追求某个时代的某种样式，更多的是通过色彩、材质、虚实的搭配，表现界面的形式美。（图5-2-19）另外，还有所谓美式、日式等风格，如日式界面偏向于通过小巧的构件、精致的工艺等手法，着力反映日本建筑所蕴藏的清新、精致、严谨的特色。

（1）墙面装饰：墙面是室内外环境构成的重要部分，它不管用"加法"或"减法"进行处理，都是陈设艺术及景观展现的背景和舞台，对控制空间序列，创造空间形象具有十分重要的作用。墙面装饰设计的作用：① 保护

图5-2-17 侧界面的装饰设计

图5-2-18 侧界面的装饰设计

图5-2-19 侧界面的装饰设计

墙体。墙体装饰能使墙体在室内湿度较高时不易受到破坏，从而延长使用寿命。② 装饰空间。墙面装饰能使空间美观、整洁、舒适，富有情趣，渲染气氛，增添文化气息。③ 满足使用。墙面装饰具有隔热、保温和吸声作用，能满足人们的生理要求，保证人们在室内正常的工作、学习、生活和休息。墙面的装饰方法很多，大体上可以归纳为抹灰类、贴面类、涂刷类、卷材类、原质类和综合类。（图5-2-20、图5-2-21）

图5-2-20 墨尔本理工大学Swanston学院

图5-2-21 墨尔本理工大学Swanston学院

（2）隔断的装饰设计：隔断与实墙都是空间中的侧界面，隔断限定空间的程度远比实墙小，但形式远比实墙多。中国古建筑多用木构架，有"墙倒屋不塌"的说法，它为灵活划分内部空间提供了可能，也使中国有了隔扇、罩、屏风、博古架、幔帐等多种极具特色的空间分隔物。这是中国古代建筑的一大特点，也是一大优点。现代室内空间常用隔断：隔扇、罩、博古架、屏风、花格、玻璃隔断。（图5-2-22）

3. 底界面的装饰设计

现代室内空间底界面装饰设计一般就是指楼地面的装饰设计。地面由于其视野开阔，功能区域划分明确，作为室内空间的平整基面，是室内环境设计的主要组成部分。因此，地面的设计在必须具备实用功能的同时，又应给人一定的审美感受和空间感受。地面装饰设计的要求：① 必须保证坚固耐久和使用的可靠性。② 应满足耐磨、耐腐蚀、防潮湿、防水、防滑甚至防静电等基本要求。③ 应具备一定的隔音、吸声性能和弹性、保温性能。④ 应满足视觉要素，使室内地面设计与整体空间融为一体，并为之增色。

在现代室内空间设计中，设计师为追求一种朴实、自然的情调，常常故意在内部空间设计一些类似街道、广场、庭园的地面，其材料往往为大理石碎片、卵石、广场砖及琢毛的石板。地面的种类很多，有水泥地面、水磨石地面、瓷砖地面、陶瓷锦砖地面、石地面、木地面、橡胶地面、玻璃地面和地毯。（图5-2-23—图5-2-26）

图5-2-22 现代室内空间隔断装饰设计

图5-2-23 底界面的装饰设计

图5-2-24 上海玻璃博物馆

图5-2-25 巴黎缤纷活力学校

图5-2-26 底界面的装饰设计

三、现代室内空间界面装饰材料的选用

现代室内空间装饰材料的选用，是界面设计中涉及设计成果的实质性的重要环节，它最为直接地影响到室内设计整体的实用性、经济性，环境气氛和美观与否。室内装饰材料的质地，根据其特性大致可以分为：天然材料与人工材料，硬质材料与柔软材料，精致材料与粗犷材料。如磨光的花岗石饰面板，即属于天然硬质精致材料，斩假石即属人工硬质粗犷材料等。

天然材料中的木、竹、藤、麻、棉等材料常给人们以亲切感，室内采用显示纹理的木材、藤竹家具、草编铺地以及粗略加工的墙体面材，粗犷自然，富有野趣，使人有回归自然的感受。不同质地和表面加工的界面材料，给人们的感受不同：平整光滑的大理石——整洁、精密；纹理清晰的木材——自然、亲切；具有斧痕的假石——有力、粗犷；全反射的镜面不锈钢——精密、高科技；清水勾缝砖墙面——传统、乡土情；大面积灰砂粉刷面——平易、整体感。

1. 装饰材料对于现代室内空间设计的重要性

（1）设计理念必须通过物化的材料和一定的生产、制作、施工的技术手段来实现，装饰材料是建筑装饰活动的物质基础，工艺是技术保障。

（2）形、光、色、质等设计要素需通过具体的材料才能表现，差别细微的材料和构造方式所营造的最终效果却可能相去甚远。

（3）设计的目的是为人所用，评价设计优劣的标准不仅仅停留在视觉感官上，还应好用、耐用，并受到经济因素的影响，材料的性能、价格、加工状态、施工质量等对设计来说也是不可忽略的因素。

（4）装饰材料的价格一般占装修工程总投资的60％～70％，将在很大程度上影响工程项目的造价。

设计师应该熟悉各类装饰材料，掌握各种材料的特点、适用条件、装饰效果和相应的施工工艺要求。设计师应该紧跟时代的步伐，关注材料行业的发展，关注建筑节能产品，关注其他领域材料的应用，敏锐地发现适合建筑的新材料；及时了解和掌握最新的建材信息，学习最新的施工技术和工艺要求，丰富设计语汇；在设计实践中，探索并挖掘传统材料的特性和表现力，通过不同的施工或构造方式来获得创新设计；应与材料生产厂家、安装施工单位共同协调以达到完美的形式表达。

2. 装饰材料的选用原则

（1）满足装饰效果：装饰材料的色彩、光泽、形体、质感和花纹图案等性能都影响装饰效果，特别是装饰材料的色彩对装饰效果的影响非常明显。因此，在选用装饰材料时要合理应用色彩，给人以舒适的感觉。设计师在进行材料选配时，应根据设想的视觉效果来选用。（图5-2-27、图5-2-28）

（2）满足使用功能：在选用装饰材料时，首先应满足与环境相适应的使用功能。材料结构单元间互相组合搭配的构造方式决定了

图5-2-27 巴塞罗那360°全景视觉酒店

图5-2-28 巴塞罗那360°全景视觉酒店

材料的基本性质。而材料的基本性质又决定了它的适用场合。装饰材料对于室内建筑环境来说，具有以下三大功能：① 保护主体结构、延长使用寿命；② 保证使用、满足功能；③ 塑造空间，弥补不足，营造氛围，追求意境。设计师应具备分析所要设计的空间场所的使用要求的能力，结合材料的功能特性来选用合适的装饰装修材料。（图5-2-29、图5-2-30）

图5-2-29 斯德哥尔摩滨水区

图5-2-30 斯德哥尔摩滨水区

（3）材料的安全性：现代室内空间是人们活动的场所，进行建筑装饰可以美化生活、愉悦身心、改善生活质量。用装饰材料时，要妥善处理装饰效果和使用安全的矛盾，要优先选用环保型材料和不燃或难燃等安全型材料，尽量避免选用在使用过程中感觉不安全或易发生火灾等事故的材料，努力给人们创造一个美观、安全、舒适的环境。现代室内空间环境的质量直接影响人们的身心健康，在选用装饰材料时应注意以下几点：① 尽量选用天然的装饰材料。② 选择色彩明快的装饰材料。③ 选择不易挥发有害气体的材料。④ 选用保温隔热、吸声隔声的材料。

（4）材料的经济性：任何一个现代室内空间设计和装修项目都有一定的投资预算，而装饰材料的费用在其中占到大部分。现代的装饰施工更注重效率、成本和质量控制。同一种材料，用不同的加工工艺来生产，可以有不同的规格、不同的性能和不同的施工方式。在选用装饰材料时，要尽量做到构造简单、施工方便。这样既缩短了工期，又节约了开支。应尽量避免选用有大量湿作业、工序复杂、加工困难的材料。设计师应把设计效果和经济因素综合起来考虑，尽可能不要超出投资预算。另外，现代室内空间建成后将有一定的使用年限，材料的选择还应考虑使用过程中所产生的维护保养费用、耗能费用等，甚至包括因更新变化而造成的额外投资。

以上四方面的材料选用原则应该和设计理念一起综合起来考虑，不能孤立地分别对待。只有与总体空间环境相协调、使用功能要求符合材料性质、经济合理的材料选配，才能使设计项目获得成功。

现代室内空间采光与照明设计

第一节 现代室内空间光环境基本内涵与概念

光是人类赖以生存、繁衍的基本条件。光不但给人类带来了光明，使人们能够感知各种空间，感知各类物体的大小、形态、质地、色彩，从而逐步认识整个世界，而且，研究证明，光对人的生理、心理都会有直接影响，它影响细胞的再生长、激素的产生、腺体的分泌以及如体温、身体的活动和食物的消耗等生理节奏。日光照射是人体特别是青少年正常生长发育的重要条件。在现代室内空间设计中，光不仅是为满足人们视觉功能的需要，而且是一个重要的美学因素。光可以形成空间，改变空间或者破坏空间。因此，室内照明是现代室内空间设计的重要组成部分之一。（图6-1-1—图6-1-3）

图6-1-1 2014青岛世界园艺博览会红豆杉展馆室内照明设计

图6-1-2 2014青岛世界园艺博览会红豆杉展馆室内照明设计

一、光的特性

（1）光是以电磁波形式传播的辐射能。波长为380nm至780nm的辐射是可见光。

（2）不同波长的光在视觉上形成不同的颜色，单色光是单一波长的光，如700nm的单色光呈红色；复合光是不同波长混合在一起的光。

（3）人眼对不同波长的单色光敏感程度

图6-1-3 青岛嘉峪关学校图书馆室内照明设计

不同，在光亮环境中人眼对555nm的黄绿光最敏感；在较暗的环境中对507（510）nm的蓝绿光最敏感。人眼的这种特性用光谱光视效率曲线表示。（图6-1-4）

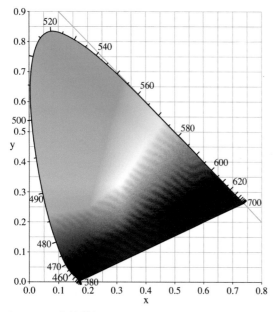

图6-1-4 光的特征

二、光源类型

现代室内设计中光环境分为自然采光和人工照明两种。光源类型可以分为自然光源和人工光源。自然光由直射地面的阳光（或称日光Sunlight）、空光（或称天光Skylight）组成。自然光源主要是日光，日光的光源是太阳，太阳连续发出的辐射能量相当于约6 000K色温的黑色辐射体，但太阳的能量到达地球表面，经过了化学元素、水分、尘埃颗粒的吸收和扩散。被大气层扩散后的太阳能能产生蓝天，或称天光，这个蓝天才是有效的日光光源，它和大气层外的直接的阳光是不同的。

家庭和一般公共建筑所用的主要是人工光源，在照明工程中常用的光源有白炽发光的白炽灯和卤钨灯，低压气体放电的各种荧光灯和高强气体放电的荧光高压汞灯，金属卤化物灯和高压钠灯等。常用光源分类如下：

1. 白炽发光灯

凡是根据热辐射原理工作的光源都可称为白炽灯。目前常用的白炽灯分两类，即普通白炽灯和卤钨灯。

白炽灯可用不同的装潢和外罩制成，一些采用晶亮光滑的玻璃，另一些采用喷砂或酸蚀消光，或用硅石粉沫涂在灯泡内壁，使光更柔和。色彩涂层也运用于白炽灯，如珐琅质涂层、塑料涂层及其他油漆涂层。白炽灯类型：白炽灯泡有普泡、蘑菇泡、圆球泡、烛形泡、反射泡、节日泡和花生米灯泡等系列产品。另一种白炽灯是卤钨灯，属于热辐射光源，工作原理基本上与普通白炽灯一样，但在结构上有较大的差别。最突出的差别就是卤钨灯泡内所填充的气体含有部分卤族元素或卤化物。为了使管壁处生成的卤化物处于气态，卤钨灯不适用于低温场合。双端卤钨灯工作时，灯管应水平安装，其倾斜角度不得超过4°，否则会缩短其使用寿命。卤钨灯体积小、寿命长。它的光线中都含有紫外线和红外线，因此受到它长期照射的物体都会褪色或变质。（图6-1-5—图6-1-7）

图6-1-5 现代室内空间照明设计

图6-1-6 伦敦CitizenM酒店

图6-1-7 现代室内空间照明设计

白炽灯的优点：① 光源小、便宜；② 具有种类极多的灯罩形式，并配有轻便灯架、顶棚和墙上的安装用具和隐蔽装置；③ 通用性强，彩色品种多；④ 具有定向、散射、漫射等多种形式；⑤ 能用于加强物体立体感；⑥ 白炽灯的色光最接近于太阳光色。

白炽灯的缺点：① 其暖色和带黄色光，有时不一定受欢迎。日本最近制成能吸收波

长为570～590nm黄色光的玻璃壳白炽灯，使光色比一般的白炽灯白得多。② 相对于所需电的总量，它发出的光通量较低，产生的热为80%，光仅为20%。③ 寿命相对地较短（1 000h）。

2.荧光灯

荧光灯与白炽灯的发光原理完全不同，这是一种低压放电灯，灯管内是荧光粉涂层，它能把紫外线转变为可见光，并有冷白色（CW）、暖白色（WW）、Deluxe冷白色（CWX）、Deluxe 暖白色（WWX）和增弸光等。Deluxe 暖白色最接近于白炽灯，Delux管放射更多的红色，荧光灯产生均匀的散射光，发光效率为白炽灯的1 000倍，其寿命为白炽灯的10～15倍，因此荧光灯不仅节约电，而且可节省更换费用。（图6-1-8、图6-1-9）

图6-1-8 越南河内博物馆照明设计

图6-1-9 越南河内博物馆照明设计

3. 高强度气体放电灯

（1）荧光高压汞灯。

荧光灯以外的气体放电灯都属于第三代光源。荧光灯中汞蒸气压力极小，不足1托，因此是一种低压汞灯。这里讨论的光源，其汞蒸气的压力将是荧光灯汞蒸气压力的数千倍，甚至更高，因此称为高压汞灯。光效可达32～53Lm/w，寿命也较长，一般在5 000h以上。高压汞灯的核心部件是放电管。放电管由耐高温的石英玻璃制成，管内抽真空后充入氩和汞，利用汞放电时产生的高气压，而获得高的可见光发光效率；开始的放电只是在氩气中进行，产生的是白色的光。随着放电时间增长，放电管内温度不断提高，汞蒸气的压力也逐渐上升，发出的光也渐渐由白色变为更亮的蓝绿色。

（2）金属卤化物灯（金卤灯）。

金卤灯显色指数较高，在大功率的情况下，其光效可达100Lm/W。金属卤化物灯发光管采用石英玻璃，玻壳设计小型化，可提高管壁的工作温度。为了控制最冷温度，在管端涂上保温膜。金属卤化物灯的组成分类：一般照明用光源有镝（Dy）灯、钪钠（Sc-Na）灯、钠铊铟（Nal-Tll-InI3）灯等。各种金属卤化物灯的紫外辐射比汞灯弱，而可见光辐射较均匀，不但显色性好，而且光效也高。

（3）高压钠灯的光电特征。

高压钠灯是一种高强气体放电光源，它在高强气体放电光源中的光效最高。国产高压钠灯的光效可达70～130lm/W。高压钠灯的特点是光效接近低压钠灯，光色优于低压钠灯，体积小、功率高、紫外线辐射少、寿命长，属于节能型电光源，但光色偏黄、透雾性能好。所以被广泛用于高大厂房、车站、广场、体育馆，特别是城市道路等处照明。高压钠灯在使用时应注意的问题：电源电压波动对正常工作影响较大，电压升高易引起灯的自行熄灭；电压降低则光通量减少，光色变坏；灯的再启动时间较长，一般在10～20min以内，故不能作应急照明或其他需要迅速照明的场所；高压钠灯不宜用于频繁开启和关闭的地方，否则会影响使用寿命。

三、照明的控制
1. 眩光的控制

在视野范围内有亮度极高的物体，或亮度对比过大，或空间和时间上存在极端的对比，就可引起不舒适的视觉感受，或造成视功能下降，或同时产生这两种效应，这种现象称为眩光。眩光与光源的亮度、人的视觉有关。对由强光直射入眼而引起的直射眩光，应采取遮阳的办法，对人工光源，避免的办法是降低光源的亮度、移动光源位置和隐蔽光源。固反射光引起的反射眩光，决定于光源位置和工作面或注视面的相互位置，避免的办法是，将其相互位置调整为反射光在人的视觉工作区域之外。当决定了人的视点和工作面的位置后，就可以找出引起反射眩光的区域，在此区域内不应布置光源。此外，使工作面为粗糙面或吸收面，使光扩散或吸收，或适当提高环境亮度，减少亮度对比，也可起到减弱眩光的作用。

表6-1-1 眩光标准分类

眩光指数GI	眩光标准分类
10	勉强感到有眩光
16	可以接受的眩光
19	眩光临界值
22	不舒适的眩光
28	不能忍受的眩光

2. 亮度比的控制

控制整个室内的合理的亮度比例和照度分配，与灯具布置方式有关。

（1）一般灯具布置方式。

① 整体照明：其特点是常采用匀称的镶嵌于天棚上的固定照明，这种形式为照明提供了一个良好的水平面，使工作面上照度均匀一致，在光线经过的空间没有障碍，任何地方都光线充足，便于任意布置家具，并适合于空调和照明相结合。但是这种方式耗电量大，在能源紧张的条件下是不经济的，除非将整个照度降低；常用于人数众多的场所。（图6-1-10—图6-1-12）

② 局部照明：为了节约能源，在工作需要的地方才设置光源，例如书桌照明、阅读照明、梳妆照明等。但在较暗的房间仅有单独的光源进行工作，容易引起紧张和损害眼睛。需要特别指出的是，由于灯饰中电光源是炽热的，带电的，从安全出发，安装在儿童卧室的灯具必须有一定高度，使孩子无法直接触及光源，并且更不宜在儿童卧室内安置台灯等可移式灯具。（图6-1-13、图6-1-14）

③ 整体与局部混合照明：为了改善上述照明的缺点，将90％～95％的光用于工作照

表6-1-2 眩光限制等级

眩光等级G	眩光分类
0	没眩光
1	不存在和轻微眩光之间
2	轻微眩光
3	厉害眩光
4	厉害和不能忍受眩光之间
5	不能忍受眩光

图6-1-10 青岛九树原木门专卖店展示空间灯光设计

图6-1-11 美国耶鲁大学克朗会堂照明

图6-1-12 美国耶鲁大学克朗会堂照明

图6-1-13 珠宝店灯光照明设计

图6-1-14 书房灯光照明设计

明，5%～10%的光用于环境照明。（图6-1-15—图6-1-18）

图6-1-15 伦敦ME酒店照明设计

图6-1-16 伦敦ME酒店照明设计

图6-1-17 青岛九树原木门专卖店展示空间照明设计

图6-1-18 Fairwood Cafe, HK照明设计

④ 成角照明：是采用特别设计的反射罩，使光线射向主要方向的一种办法。这种照明是由对墙表面的照明和表现装饰材料质感的需要而发展起来的。（图6-1-19、图6-1-20）

图6-1-19 流浪汉博物馆照明设计

图6-1-20 流浪汉博物馆照明设计

（2）照明地带分区。

① 天棚地带：常用一般照明或工作照明。由于天棚所处位置的特殊性，照明的艺术作用在其中有重要的地位。（图6-1-21、图6-1-22）

② 周围地带：处于经常的视野范围内，照明应特别需要避免眩光，并最好简化。周围地带的亮度应大于天棚地带，否则将造成视觉的混乱，而妨碍对空间的理解和对方向的识别，并妨碍对有吸引力的趣味中心的识别。（图6-1-23、图6-1-24）

图6-1-21 香港直升机场VIP贵宾室照明设计

图6-1-22 香港直升机场VIP贵宾室照明设计

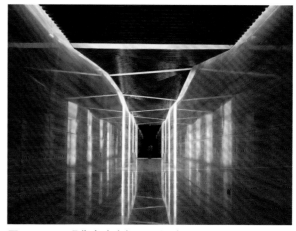

图6-1-23 现代室内空间照明设计

图6-1-24 广州南站灯光照明设计

③ 使用地带：使用地带的工作照明是需要的，通常各国颁布有不同工作场所要求的最低照度标准。（图6-1-25）

上述三种地带的照明应保持微妙的平衡，一般认为使用地带的照明与天棚和周围地带照明之比为2：3：1或更少一些，视觉的变化才趋向于最小。其最大的极限比为10：3：1。

（3）室内各部分最大允许亮度比。

① 视力作业与附近工作面之比为3：1。

② 视力作业与周围环境之比为10：1。

③ 光源与背景之比为20：1。

④ 视野范围内最大亮度比为40：1。

美国菲利普照明实验室还对办公室内整体照明和局部照明之间的比例作了调查，如桌上总照明度为1 000lx，则整体照明大于这一照明度的50%为好，在35%～50%为尚好，少于35%则不好。

图6-1-25 香港丽思卡尔顿酒店室内照明设计

第二节 现代室内空间采光部位与照明方式

一、采光部位

著名建筑师柯布西耶曾说过："建筑物必须透过光的照射，才能产生生命。"（图6-2-1、图6-2-2）室内装饰有灵性气质的环境烘托以及这种烘托化成的美感结晶物体，可以说都是因光而产生的。

通常将室内对自然光的利用，称为"采光"。自然采光，可以节约能源，并且在视觉上更为习惯和舒适，心理上更能与自然接近、协调。（图6-2-3）根据光的来源方向以及采光口所处的位置，有侧面采光和顶部采光两种形式。侧面采光有单侧、双侧及多侧之分，而根据采光口高度位置不同，可分高、中、低侧光。侧面采光可选择良好的朝向和室外景观，光线具有明显的方向性，有利于形成阴影。但现代室内采光受室外周围环境和室内界面装饰处理的影响，如室外临近的建筑物，就会阻挡日光的射入。此外，窗面对室内说来，可视为一个面光源，它通过室内界面的反射，增加了室内的照度。（图6-2-4）同时，窗子的方位也影响室内的采光，当面向太阳时，室内所接收的光线要比其他方向的要多。并且侧面采光只能保证有限进深的采光要求（一般不超过窗高两倍），更深处则需要人工照明来补充。一般采光口置于1m左右的高度，有的场合为了利用更多墙面（如展厅为了争取更多展览面积）或为了提高房间深处的照度（如大型厂房等），将采光口提高到2m以上，称为高侧窗。除特殊原因外（如房屋进深太大，空间太广），一般多采用侧面采光的形式。顶部采光是自然采光利用的基本形式，光线自上而下，照度分布均匀，光色较自然，亮度高，效果好。（图6-2-5）

人工照明也可称"灯光照明"或"室内照明"，它是夜间主要光源，同时又是白天室内光线不足时的重要补充。考虑室内照明的布置时应首先考虑使光源布置和建筑结合起来，这不但有利于利用顶面结构和装饰天棚之间的巨大空间，隐藏照明管线和设备，

而且可使建筑照明成为整个室内装修的有机组成部分，达到室内空间完整统一的效果。

二、照明方式

利用不同材料的光学特性，利用材料的透明、不透明、半透明以及不同表面质地制成各种各样的照明设备和照明装置，重新分配照度和亮度，根据不同的需要来改变光的发射方向和性能，是现代室内空间照明应该研究的主要问题。在一个房间内如果有过多的明亮点，不但互相干扰，而且造成能源的浪费。如果漫射光过多，也会由于缺乏对比而造成室内气氛平淡，甚至因其不能加强物体的空间体量而影响人对空间的错误判断。

图6-2-1 深圳文化中心音乐厅

图6-2-2 深圳文化中心音乐厅

图6-2-3 挪威国家歌剧院

图6-2-4 无锡大剧院

图6-2-5 戈壁沙丘（鄂尔多斯博物馆）

（图6-2-6、图6-2-7）

照明方式按灯具的散光方式分为：

（1）直接照明：光线通过灯具射出，其中90%～100%的光通量到达假定的工作面上，这种照明方式为直接照明。此种照明方式具有强烈的明暗对比，并能造成有趣生动的光影效

图6-2-6 北京怡亨酒店照明设计

图6-2-7 北京怡亨酒店照明设计

图6-2-8 阿布扎比香格里拉酒店照明设计

果，可突出工作面在整个环境中的主导地位，但是由于亮度较高，应防止眩光的产生。（图6-2-8）

（2）半直接照明：半直接照明方式是半透明材料制成的灯罩罩住灯泡上部，60%～90%的光线集中射向工作面，10%～40%被罩光线又经半透明灯罩扩散而向上漫射，其光线比较柔和。这种灯具常用于高度较低的房间的一般照明。由于漫射光线能照亮平顶，使房间顶部高度增加，因而能产生较高的空间感。（图6-2-9、图6-2-10）

图6-2-9 青岛九树原木门专卖店展示空间照明设计

图6-2-10 澳门皇冠假日酒店照明设计

（3）间接照明：间接照明方式是使用光源遮蔽而产生的间接光的照明方式，其中90%～100%的光通量通过天棚或墙面反射作用于工作面，10%以下的光线则直接照射工作面。通常有两种处理方法，一是将不透明的灯罩装在灯泡的下部，光线射向平顶或其他物体

上反射成间接光线；二是把灯泡设在灯槽内，光线从平顶反射到室内成间接光线。这种照明方式单独使用时，需注意不透明灯罩下部的浓重阴影。通常和其他照明方式配合使用，才能取得特殊的艺术效果。（图6-2-11—图6-2-13）

（4）半间接照明：半间接照明方式，恰和半直接照明相反，把半透明的灯罩装在灯泡下部，60%以上的光线射向平顶，形成间接光源，10%～40%部分光线经灯罩向下扩散。这种方式能产生比较特殊的照明效果，使较低矮的房间有增高的感觉。它也适用于住宅中的小空间部分，如门厅、过道等。（图6-2-14、图6-2-15）

（5）直接间接照明：直接间接照明装置，对地面和天棚提供近于相同的照度，即均为40%～60%，而周围光线只有很少一点，这样，在直接眩光区的亮度必然是低的，这是一

图6-2-12 台南香格里拉酒店照明设计

图6-2-13 澳门皇冠假日酒店照明设计

图6-2-14 现代室内空间照明设计

图6-2-11 香港奕居酒店照明设计

图6-2-15 现代室内空间照明设计

种同时具有内部和外部反射灯泡的装置。如某些台灯和落地灯能产生直接间接光和漫射光。（图6-2-16）

图6-2-16 江阴悦云SPA照明设计

（6）漫射照明方式：漫射照明方式，是将光线向四周扩散漫散。这类照明光线性能柔和，视觉舒适。（图6-2-17）

图6-2-17 芭提雅希尔顿照明设计

（7）宽光束的直接照明：具有强烈的明暗对比，并可造成有趣生动的阴影。由于其光线直射于目的物，如不用反射灯泡，要产生强

的眩光。（图6-2-18）

图6-2-18 香港W酒店照明设计

（8）高集光束的下射直接照明：因高度集中的光束而形成光焦点，可起到突出光的效果和强调重点的作用。它可提供在墙上或其他垂直面上充足的照度，但应防止过高的亮度比。（图6-2-19）

图6-2-19 现代室内空间照明设计

第三节 现代室内空间照明作用与艺术效果

现代室内空间照明在不同的程度上影响着我们的生活，不同形式的照明会左右物体或空间的形象、色调以及它们给人留下的印象，照明既能营造也能破坏室内环境的气氛。照明同其他因素一样，需要从设计之初就予以考虑，尤其是住宅的主人，至少也该了解照明设计的基本常识，以便在给住宅进行照明设计的时候拿出自己的意见。当今，人们生活与娱乐的方式已有所改变，很多住宅都采用了开放式的设计。这种设计为房间功能的转换提供了有效的支持，新的娱乐中心与控制系统也改变了人们使用住宅的方式，出色的照明设计应当把现代室内空间的不同需求考虑在内。无论是公共场所或是家庭，光的作用影响到每一个人，室内照明设计就是利用光的一切特性，去创造所需要的光的环境，通过照明充分发挥其艺术作用，并表现在以下四个方面。

一、创造气氛

光的亮度和色彩是决定气氛的主要因素。合理的照明布置能使工作面上照度均匀，光线射向适当，无眩光阴影，检修维护方便、安全，并能做到整齐、美观，与建筑协调。光的刺激能影响人的情绪，亮的房间比暗的房间更为刺激，但是这种刺激必须和空间所应具有的气氛相适应。因此可以利用光的变化及分布来创造各种视觉环境，以加强室内空间的气氛。当使用不同颜色的光时，会给室内增添不同的感觉。极度的光和噪声一样都是对环境的一种破坏，同时会导致人的视力和免疫机能下降。适度的愉悦的光能激发和鼓舞人心，而柔和的光令人轻松

而心旷神怡。（图6-3-1—图6-3-3）

图6-3-1 首尔华克山庄W酒店照明设计

图6-3-2 香港机场贵宾室照明设计

图6-3-3 香港机场贵宾室照明设计

德国巴斯鲁大学心理学教授马克思·露西雅谈到利用照明时说："与其利用色彩来创造气氛，不如利用不同程度的照明，效果会更理想。"在构成室内环境的诸因素中，灯光是一种能够为人们敏锐地感觉到的因素。它既能形成宁静舒适的气氛，又能烘托欢乐、热烈的场面；能产生庄重肃穆的效果，也能制造豪华富丽的气氛。暖色的灯，会使室内较为温暖，家庭的卧室常常因采用暖色光而显得更加温暖和睦；冷色的灯光，会使室内较为凉爽，增加安静的气氛，特别在夏季，青、绿色的光就使人感觉凉爽，所以应根据不同气候、环境和建筑的性格要求来确定用光。许多餐厅、咖啡馆和娱乐场所，常常用加重暖色如粉红色、浅紫色，暖色光使人的皮肤、面容显得更健康、美丽动人，使整个空间具有欢乐、活跃的气氛。由于光色的加强，光的相对亮度相应减弱，使空间感觉亲切。强烈的多彩照明，如霓虹灯、各色聚光灯，可以使室内的气氛活跃生动起来，增加繁华热闹的节日气氛。（图6-3-4、图6-3-5）

二、加强空间感和立体感

照明方式、灯具种类、光线强弱、色彩等的不同均可以明显地影响人们的空间感。当用直接照明时，由于灯光亮度较大，较为耀眼，会给人以明亮、紧凑感。使用间接照明时，灯光是照到顶棚或墙面之后再反射回来，所以使室内空间显得较为宽广。照明也可以使空间变得实和虚，许多台阶照明及家具的底部照明，使物体和地面"脱离"，形成悬浮的效果，而使空间显得空透、轻盈。（图6-3-6、图6-3-7）在较高的空间中，

图6-3-4 现代室内空间照明设计

图6-3-5 现代室内空间照明设计

图6-3-6 珞珈山国际酒店照明设计

图6-3-7 香港东隅酒店照明设计

如果使用吊灯（特别是体量较大的吊灯），会使空间显得较低一些，从而改变空间的高耸感。当使用吸顶灯或镶嵌在顶棚内的灯具时，可以改善矮空间的压抑感。（图6-3-8—图6-3-10）还可以利用光的作用，来加强希望注意的地方，如趣味中心，也可以用来削弱不希望被注意的次要地方，从而进一步使

图6-3-8 上海浦东洲际酒店照明设计

空间得到完善和净化。许多商店为了突出新产品，在那里用亮度较高的重点照明，而相应地削弱次要的部位，获得良好的照明艺术效果。（图6-3-11）

图6-3-9 美国威斯汀酒店照明设计

图6-3-10 现代室内空间照明设计

图6-3-11 香港W酒店照明设计

三、光影艺术与装饰照明

光影装饰照明是以照明自身的光影色造型作为观赏对象，光和影本身就是一种特殊性质的艺术，通常利用点光源透过彩色玻璃射在墙上，产生各种疏疏密密的色彩形状。用不同光色在墙上构成光怪陆离的抽象"光画"，是光影艺术的又一新领域，这种艺术魅力是难以用语言表达的。在现代室内装饰照明艺术设计中广泛采用混合照明方式，把整体照明与局部照明有机结合起来，在整体照明的基础上加强局部照明，使室内环境产生千变万化、生动活泼的效果。在恰当的部位，以生动的光影效果来丰富室内的空间，既可以表现光为主，也可以表现影为主，也可以光影同时表现。自然界的光影由太阳、月光来安排，而室内的光影艺术就要靠设计师来创造，主要的是在恰当的部位，采用恰当形式表达出恰当的主题思想，来丰富空间的内涵，获得美好的艺术效果。（图6-3-12—图6-3-14）

四、照明的布置艺术和灯具造型艺术

光既可以是无形的，也可以是有形的，光源可隐藏，灯具却可暴露，有形、无形都是艺术。在现代室内空间照明设计中，天棚是表现布置照明艺术的最重要场所，因为它无所遮挡，稍一抬头就历历在目。利用数量多、构造简洁的吸顶式或嵌入式点光源直射光灯具，与房间吊顶装饰共同组成一个完整的建筑艺术图案，可以产生特殊的格调并加深层次感，使室内气氛宁静而不喧闹。因此，室内照明的重点常常选择在天棚上，它像一张白纸，可以做出丰富多彩的艺术形式来，而且常常结合建筑式样，或结合柱子的部位来达到照明和建筑的统一和谐。现代灯具都强调在基本的球体、立方

图6-3-12 伦敦ME酒店照明设计

图6-3-13 Drop Kick-深田恭通照明设计

图6-3-14 Drop Kick-深田恭通照明设计

体、圆柱体、角锥体的几何形体构成基础上加以改造，演变成千姿百态的形式，同样运用对比、韵律等构图原则，达到新颖、独特的效果。但是在选用灯具的时候一定要和整个室内

一致、统一，决不能孤立地评定优劣。装饰壁灯的外形与室内装修相协调，既起辅助照明作用，使墙上得到美观的光线，又起装饰作用，映衬出室内的宽阔。而吊灯（花灯、水晶灯）可造成富丽堂皇的气氛，在宽广的现代客厅中，如果使用一些造型优美的水晶吊灯，会显得富丽堂皇；在小的门厅中，选用造型别致的小壁灯，会使人感到幽雅、大方。（图6-3-15—图6-3-20）

图6-3-17　现代室内空间照明设计

图6-3-15　上海柏悦酒店照明设计

图6-3-18　广州星河湾酒店照明设计

图6-3-19　凯悦会所照明设计

图6-3-16　曼地亚红豆杉展览馆照明设计

图6-3-20　北京饭店霞公府大厅照明设计

第七章

现代室内空间的色彩与材质设计

第一节　色彩的基本概念

在我们的周围，包括自然界的动植物等，有各种颜色的存在。色彩是一个非常丰富的世界，它不是一个抽象的概念，它和现代室内空间每一物体的材料、质地紧密地联系在一起。不同的色彩有着不同的性质和特征，这些性质在现代室内空间设计中具有很大的运用前景。在现代室内空间设计中，色彩总是和光照、材质、肌理等因素综合给予人们以视觉感受，同时室内色彩的选用也和室内设计的风格有一定的联系。（图7-1-1）

一、色彩的来源

我们四周不管是自然的或人工的物体，都有各种色彩和色调。这些色彩看起来好像附着在物体上。然而一旦光线减弱或成为黑

暗，所有物体都会失去各自的色彩。所以，光是一切物体颜色的唯一来源，它是一种电磁波的能量，称为光波。

色散实验：物理光学研究表明，色的来源是光和人的正常视觉系统综合反应的结果。没有光就没有色彩，没有人的健康的视觉系统，也就无法感觉到色彩。黑暗中，我们什么色彩都看不到，什么色彩也分辨不清，其原因是因为缺少投照的光，也就无法感觉到色彩。这也是色彩的物理学现象。牛顿第一次实验时，利用三菱镜分散太阳光，形成光谱。牛顿的光谱光是电磁波，能产生色觉的光只占电磁波中的一部分范围。在光波波长380～780nm内，人可察觉到的光称为可见光，其余波长的电磁波都是人眼看不见的，通称为不可见光。单色光即使再一次透过菱镜也不会再扩散，所以称为单色光。我们日常所见的光，大部分都是单色光聚合而成的光，称为复合光。复合光中所包含的各种单色光的比例不同，就产生不同的色彩感觉。我们看到的色彩，事实上是以光为媒体的一种感觉。色彩的产生，是光—眼—视神径—大脑作用的结果。光源色照射到物体

图7-1-1 现代室内空间色彩设计

时，变成反射光或透射光，后再进入眼睛，又通过视觉神径传达到大脑，从而产生了色的感觉。这便是色彩产生形成的过程。

二、色的基本特性

色彩具有三种属性，或称色彩三要素，即色相、纯度和明度，这三者在任何一个物体上是同时显示出来的，不可分离的。

色相：色相是指能够比较确切地表示某种颜色色别的名称，实际是具体的色彩，如红、绿、蓝、黄等，这是颜色最基本的性质和突出的特点。色相也可称色调，可以用波长来表示不同的色调。

纯度：纯度是指颜色纯粹与否，或称颜色中"色素"的饱和程度。颜色处于饱和状态即为该色相诸色之标准色，光谱色的纯度最高。在纯粹的颜色中掺入白色、黑色或其他颜色，都会使该颜色变暗发灰，也就是被"消饱和"了。纯度可用来区别色的鲜艳程度。

明度：明度是指色彩的明暗程度。它有两种意思：一种是指在同一色相的颜色中不同明暗层次的变化，如红色中有浅、中、深、暗等；另一种则指各种色光本身给人以不同的明度感觉，决定于光波之波幅，波幅愈大，亮度也愈大，但和波长也有关系。人们通常将颜色从黑到白分成若干阶段，作为衡量明度的尺度，接近白色的明度高，接近黑色的明度低。如从红到紫的可见光谱中，波长5 550A处的黄绿色光明度最高，两侧则下降。

三、色彩表示

（1）混色系统：分为色光混合与色彩混合。实际上，我们又把它们称作减色混合和加色混合。舞台灯光使用的色彩混合就是色光混合，而我们绘画时常用的调色法就是色彩混合。

（2）显色系统：显色系统的理论依据是把现实中的色彩按照色相、明度、纯度三种基本性质加以系统的组织，然后定出各种标准色标，并标出符号，作为物体的比较标准。通常用三维空间关系来表示明度、色相与纯度的关系，因而获得立体的结构，称为色立体。明度进阶表位于色立体的中心位置，成为色立体垂直中轴，分别以白色和黑色为最高明度和最低明度的极点，在黑白之间依秩序划分出从亮到暗的过渡色阶，每一色阶表示一个明度等级。色相环：色相色阶是以明度色阶表为中心，通过偏角环状运动来表示色相的完整体系和秩序的变化。色相环由纯色组成。纯度色阶表呈水平直线形式，与明度色阶表构成直角关系，每一色相都有自己的纯度色阶表，表示该色相的纯度变化。以该色最饱合色为一极端，向中心轴靠近，含灰量不断加大，纯度逐渐降低，到达另一个极端，即明度色阶上的灰色。等色相面：在色立体中，由于每一个色相都具有横向的纯度变化和纵向的明度变化，因此构成了该色相的两度空间的平面表示。该色相的饱和色依明度层次不断向上靠近白色，向下运动靠近黑色，向内运动靠近灰色，这样的关系构成了该色的等色相面。等明度面：若沿着明度色阶表成垂直关系的方向水平切开色立体，可以获得一个等明度面。

（3）三种主要色立体：美国画家孟谢尔的孟谢尔色立体；奥斯特瓦德色立体；日本色彩研究会色立体。常用的有美国蒙赛尔以红R、黄Y、绿G、蓝B、紫P五色为主要色相和5种中间色相黄红YR、绿黄GY、蓝绿BG、紫蓝RP的10色相环的色标，德国的奥斯特瓦尔德以8色为主要色相的24色相环的双圆锥体色标以及日本的以6色为主要色相的24色相环的色标。色立体形状规则，表明给理论上被认为是可能的颜色留出空白，而形状不规则的则表明可供人们所支配的颜料所能调出的颜色。

四、色彩的混合

原色：红黄青称为三原色，因为这三种颜色在感觉上不能再分割，也不能用其他颜色来调配。蓝不是原色，因为蓝就是青紫，蓝里有红的成分，而其他色彩不能调制成青色，因此青才是原色。（图7-1-2）

间色：所谓间色或称二次色，由两种原色调制而成。在理论上，由于两原色混合的相互比例可以有无穷多个，所以间色可以有无穷多个。但实际上我们把它们归结为三类（不是三个）：橙色类、紫色类和绿色类。

即红 + 黄 = 橙，红 + 青 = 紫，黄 + 青 = 绿，共三种。（图7-1-3）

复色：由两种间色调制成的称为复色。复色也可以有三类：橙灰类、紫灰类和绿灰类。但是由于三原色混合的相互比例不同，所以复色也可以有无穷多个，还有红灰、黄灰、蓝灰等。下面是一些较典型的复色。

即橙 + 紫 = 橙紫，橙 + 绿 = 橙绿，紫 + 绿 = 紫绿。（图7-1-4）

原色、间色、复色之间的特征关系主要表现在纯度方面。它们依次为原色彩度最高，间色次之，复色彩度最低。需要说明的是，如果用颜料三原色适度混合将得到黑浊色；如果用色光三原色适度混合将得到白色。因为，颜料的混合称减色混合，而光混合称加色混合，因为光混合是不同波长的重叠，每一种色光本身的波长并未消失。

五、色彩的关系概念

现代室内色彩设计根本问题是色彩的协调问题，这是室内色彩效果优劣的关键。孤立的颜色无所谓美与不美，色彩效果取决于不同颜色之间的相互关系，同一颜色在不同的背景条件下，其色彩效果迥然不同，这是色彩所特有的敏感性与依存性。在生活中我们常常发现一些颜色挨在一起很是协调、安稳，有的颜色挨在一起显得冲突、躁动。这主要就是色彩的亲疏关系造成的。由于色彩的这种视觉心理上的亲疏差异，所以习惯上把它们分成调和色和对比色两类，其中调和色又分为同种色、同类色和同性色三种。

同种色：如果一些颜色，它们的色相和

图7-1-2

图7-1-3

图7-1-4

第七章　现代室内空间的色彩与材质设计

彩度都相同，只是明度不同，那么我们把这些颜色称为同种色。（图7-1-5）

同类色：如果一些颜色，它们的明度和彩度都相同，色相相近，那么我们把这些颜色称为同类色，也称相似色。例如下图中每一颜色左右相邻的颜色都互为同类色。（图7-1-6）

同性色：如果一些颜色，它们的色相和明度都相同，只是彩度不同，那么我们把这些颜色称为同性色。（图7-1-7）

对比色：如果一些颜色的明度或彩度或色相在人们的视觉上都差异很明显，那么我们就说这些颜色互为对比色。下面这几组（当然实际中绝不止这几种）颜色都互为对比，看看它们是因为哪一个原因而成为对比色的。（图7-1-8）

互补色：在三原色中，其中两种原色调制成的色（间色）与另一原色，互称为补色或对比色，即红与绿、黄与紫、青与橙。例如图7-1-9（实际中不止这几种）。

图7-1-5

图7-1-6

图7-1-7

图7-1-8

图7-1-9

第二节 材质、色彩与照明

这里的"质"是指质感，是人对材料的一种基本感觉，是在视觉、触觉和感知心理的共同作用下，人对材料所产生的一种主观感受。现代室内空间中的家具设备，不但近在人的眼前，而且许多和人体发生直接接触，可说是看得清、摸得到的，使用材料的质地对人引起的质感就显得格外重要。质感包括两个方面的内容：一是材料本身的结构表现和加工纹理，二是人对材料的感知。

1. 粗糙和光滑

表面粗糙的材料有许多，如石材、未加工的原木，粗砖、磨砂玻璃、长毛织物等。光滑的如玻璃，抛光金属、釉面陶瓷、丝绸、有机玻璃。同样是粗糙或是光滑，不同的材料也会有不同的质感。（图7-2-1—图7-2-3）

图7-2-3 现代室内空间设计

2. 光泽与透明度

通过加工可使材料具有很好的光泽，如抛光金属、玻璃、磨光花岗石、釉面砖等。通过镜面般光滑表面的反射，可扩大室内空间感，同时映射出周围的环境色彩。有光泽的表面还易于清洁。常见的透明、半透明材料有：玻璃、有机玻璃、织物等。利用透明材料可以增加空间的广度和深度。在物理性质上，透明材料具有轻盈感。（图7-2-4、图7-2-5）

图7-2-1 现代室内空间设计

图7-2-2 现代室内空间设计

图7-2-4 现代室内空间设计

图7-2-5 现代室内空间设计

图7-2-6 北京瑜舍酒店空间设计

图7-2-7 上海柏悦酒店空间设计

3. 冷与暖

质感的冷暖表现在身体的触觉和视觉感受上。一般来说，人的皮肤直接接触之处都要求选用柔软和温暖的材质，如在座面、扶手、躺卧之处。如果金属、玻璃、大理石等高级的室内材料用多了可能产生冷漠的效果。而在视觉上的冷暖则主要取决于色彩的不同，即采用冷色系或暖色系。选用材料时应同时考虑两方面的因素。（图7-2-6）

4. 软与硬

许多纤维织物都有柔软的触感。如纯羊毛织物虽然可以织成光滑或粗糙质地，但摸上去都是很愉快的。硬的材料如砖石、金属、玻璃，耐用耐磨，不变形，线条挺拔。硬材料多

数有很好的光洁度、光泽，晶莹明亮，使室内很有生气。（图7-2-7、图7-2-8）

5. 弹 性

因为弹性的作用，人们坐在有弹性的沙发上比坐在硬面椅上要舒服，从而感到适宜而达到休息的目的。这是软材料和硬材料都无法达到的。弹性材料有泡沫塑料、泡沫橡胶、竹、藤，木材也有一定的弹性，特别是软木。弹性材料主要用于地面、床和座面，给人以特别的触感。（图7-2-9、图7-2-10）

6. 肌 理

肌理或纹理是材料特有的一种视觉现象。有均匀无线条的、水平的、垂直的、斜纹的、交错的、曲折的等自然纹理。有规律的纹理会

图7-2-8 彩虹巴黎餐厅空间设计

图7-2-9 现代室内空间设计

图7-2-10 现代室内空间设计

产生连续、重复、有节奏的韵律感。如某些大理石的纹理，其有规律的线条变化形成了人工无法模仿的天然图案，有很高的欣赏价值。可以作为现代室内空间的欣赏装饰品，但是肌理组织十分明显的材料，在拼装时必须特别注意其相互关系，以及其线条在室内所起的作用，以便达到统一和谐的效果。（图7-2-11、图7-2-12）

图7-2-11 现代室内空间设计

图7-2-12 现代室内空间设计

材料的性能有很多方面，但是从造型和视觉效果的角度来看，最重要的性能之一就是质感，所以要把运用质感与运用材料紧密联系在一起。有些材料可以通过人工加工进行编织，如竹、藤、织物，有些材料可以进行不同的组装拼合，形成新的构造质感，使材料的轻、硬、粗、细等得到转化。

此外，同样的材料在不同的光照下，其效果也有很大区别。因此，我们在用色时，一定要结合材料质感效果、不同质地和在光照下的不同色彩效果。现代室内设计师必须学会运用正确的方法处理材料，尊重材料的本质，掌握各种材料的质感特征，并结合具体环境巧妙运用，以创造具有特色的室内环境。

在对现代室内空间光环境进行表现时，正确选择光源以及光照位置也非常重要。不同的光源和光照位置都会对室内物体的材质和色彩造成很大的影响。因此，在设计中应根据现代室内空间的性质来进行选择。

（1）不同光源光色对色彩的影响：加强或改变色彩的效果，低、中、高色温的光源可分别营造出浪漫温馨、明朗开阔、凉爽活泼的光环境气氛。宾馆大堂、住宅客厅等处的光源，应以低色温的暖光（黄光）为主，以产生热烈的迎宾气氛；办公室、车间的照明，应选择中到高色温的光源（白光），有利于提高工作效率。（图7-2-13、图7-2-14）

图7-2-13 雷克雅未克大学室内照明设计

图7-2-14 上海环球金融中心柏悦酒店照明设计

（2）不同光照位置对质地、色彩的影响：在正面受光时，这些部位常起到强调该色彩的作用；在侧面的受光时，色彩将产生彩度、明度上的退晕效果，对雕塑或粗糙面，会由于产生阴影而加强其立体感和强化粗糙效果；在背光时，物体由于处于较暗的阴影下面，则能加强其轮廓线并使之成为剪影，其色彩和质地相对处于模糊和不明显的地位。（图7-2-15、图7-2-16）

（3）对光滑坚硬的材料，如金属镜面、磨光花岗石、大理石、水磨石等，应注意其反映周围环境的镜面效应，有时会对视觉产生不利的影响。如在电梯厅内，应避免采用有光泽的地面，因亮表面反映的虚像，会使人对地面高度产生错觉。（图7-2-17）

图7-2-15 光语空间摄影艺术中心照明设计　　图7-2-16 雷克雅未克大学室内照明设计

图7-2-17 现代室内空间设计

第三节　色彩的感受

色彩能表达丰富的情感，色彩的生理现象和心理现象是密不可分的，人们试图概括各种不同颜色带给人的特殊情感，并结合不同的文化背景进行联想，赋予其不同的象征意义。

一、色彩的情感及作用

1. 色彩的冷暖感

色彩本身是没有温度的，在色彩学中，把不同色相的色彩分为热色、冷色和温色，从红紫、红、橙、黄到黄绿色称为热色，以橙色最热。从青紫、青至青绿色称冷色，以青色为最冷。紫色是红（热色）与青色（冷色）混合而成，绿色是黄（热色）与青（冷色）混合而成，因此是温色。人们之所以面对色彩有冷暖的感觉，主要是由于色彩的性格特征所产生的，这和人类长期的感觉经验是一致的。但是色彩的冷暖既有绝对性，也有相对性，愈靠近橙色，色感愈热，愈靠近青色，色感愈冷。此外，还有补色的影响。如小块白色与大面积红色对比下，白色明显地带绿色，即红色的补色（绿）的影响加到白色中。（图7-3-1、图7-3-2）

图7-3-1 现代室内空间色彩设计

念。色彩可以使人感觉进退、凹凸、远近的不同，在我们生活中常常可以体验到由于色彩的不同而造成的空间远近感的不同，感觉比实际空间距离近的色彩称之为前进色，反之，称为后退色。一般暖色系和明度高的色彩具有前进、凸出、接近的效果，而冷色系和明度较低的色彩则具有后退、凹进、远离的效果。室内设计中常利用色彩的这些特点去改变空间的大小和高低。（图7-3-5、图7-3-6）

图7-3-2 现代室内空间色彩设计

图7-3-3 现代室内空间色彩设计

2. 色彩的轻重感

色彩的轻重感是从人的心理感觉上来讲的，如白色的物体感到轻，有轻柔、飘逸的感觉，会使人联想到棉花、轻纱、薄雾，有飘逸柔软的感觉；黑色使人联想到金属、黑夜，具有沉重感。可见色彩的轻重感主要取决于明度和纯度，明度和纯度高的显得轻，明度高的色彩轻快、爽朗；而明度低的色彩稳重、厚实。明度相同时，鲜艳的颜色感觉重，纯度低的颜色感觉轻；纯度高的暖色具有重感，纯度低的冷色有轻的感觉。在现代室内空间设计的构图中常以此实现平衡和稳定的需要，以及表现性格的需要，如轻飘、庄重等。（图7-3-3、图7-3-4）

3. 色彩的距离感

色彩的前进与后退是一个视觉进深的概

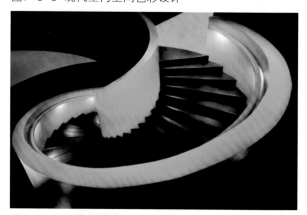

图7-3-4 现代室内空间色彩设计

图7-3-5 现代光谱公寓空间色彩设计

图7-3-6 现代光谱公寓空间色彩设计

4. 色彩的软硬感

色彩的软与硬的感觉与色彩的明度和纯度有关。与低明度色调和高纯度色调相比，浅色调、灰白色调等高明度的色彩比较软，色调比较柔和。纯色中加进灰色，使色彩处于色立体明度上半球的非活性领域，则色彩容易显得柔和稳定、没有刺激、柔美动人。总之，软色调带给人们的是一种柔美、朦胧和微妙的气氛。（图7-3-7、图7-3-8）

5. 色彩的尺度感

色彩对物体大小的作用，包括色相和明度两个因素。暖色和明度高的色彩具有扩散作用，因此物体显得大。而冷色和暗色则具有内聚作用，因此物体显得小。同样面积的暖色比冷色看起来面积大；同样大的面积，明亮的色彩比灰暗的色彩显得面积大；在色彩的相对明度上，"底"即背景色的明度越大，"图"色的面积就显得越小。除此以外，生活经验还告诉我们，暖色的明度比冷色的明度要高，所以显得比冷色具有扩张感；在黑暗中高明度色彩的面积看起来往往比实际面积要大，这是由于光的渗透作用。（图7-3-9）

综上所述，色彩在现代室内空间设计中常发挥特别的作用。① 可以使人对某物引起注意，或使其重要性降低。② 色彩可以使目的物变得最大或最小。③ 色彩可以强化室内空间形

图7-3-7 阿布扎比香格里拉大酒店色彩设计

图7-3-8 Skype瑞士斯德哥尔摩新办公室色彩设计

图7-3-9 现代室内空间色彩设计

式，也可破坏其形式。例如，为了打破单调的六面体空间，采用超级平面美术方法，它可以不依天花板、墙面、地面的界面区分和限定，自由地、任意地突出其抽象的彩色构图，模糊或破坏空间原有的构图形式。④ 色彩可以通过反射来修饰。

二、色彩心理与思维

色彩本身包含着丰富的情感内涵，人们内心的情感、审美情趣都可以通过色彩来体现。人们对不同的色彩表现出不同的好恶，这种心理反应，常常是因人们生活经验、利害关系以及由色彩引起的联想造成的，此外也和人的年龄、性格、素养、民族、习惯分不开。

1. 色彩的个性化特征

红色：红色是所有色彩中对视觉感觉最强烈和最有生气的色彩，它有强烈地促使人们注意和似乎凌驾于一切色彩之上的力量，是一种积极的、自我奋斗的、响亮的、男性化的颜色。它具有狂风暴雨般的激情，富有动感，不带任何拐弯抹角的精神；同时红色又具有侵略性，在必要的时候意味着暴力。红色热情奔放如血，是生命崇高的象征，当其明度增大转为粉红色时，就戏剧性地变成温柔，顺从和女性的性质。（图7-3-10、图7-3-11）

橙色：橙色比原色红要柔和。但亮橙色和橙色仍然富有刺激和兴奋性，浅橙色使人愉悦。橙色常象征活力、精神饱满和交谊性，它实际上没有消极的文化或感情上的联想。人的行动在橙色里与心相连，没有任何的拘束。因此，橙色最大限度地代表了焦急、温暖和真挚的感情。（图7-3-12）

图7-3-10 现代室内空间色彩设计

图7-3-11 现代室内空间色彩设计

图7-3-12 现代室内空间色彩设计

黄色：黄色在色相环上是最明亮、最光辉的颜色，它光芒四射，轻盈明快，生机勃勃。黄色给人十分温暖、愉悦、舒服、提神的感觉，常为积极向上、进步、文明、光明的象征。但当它浑浊时（如渗入少量蓝、绿色），就会显出病态和令人作呕。（图7-3-13）

图7-3-13 乐巢音乐会所色彩设计

绿色：生命的颜色，绿色有着健康的意义，是生命力量和自然力量的象征。它也具有理想、田园、青春的气质。从心理上，绿色令人平静、松弛而得到休息。人眼晶体把绿色波长恰好集中在视网膜上，因此它是最能使眼睛休息的色彩。（图7-3-14）

蓝色：一种让人幻想的色彩。蓝色使天空更加广阔，仿佛在无止境地扩张、膨胀；同

图7-3-14 上海瑜伽健身中心色彩设计

图7-3-15 现代室内空间色彩设计

时，在外貌上蓝色是透明的和潮湿的；在心理上蓝色是冷静沉着，给人以科学、理想、理智的感觉；在性格上，蓝色是清高的；在人机体作用上，蓝色可减低血压。蓝色象征安静、清新、舒适和沉思。（图7-3-15）

紫色：紫色是红青色的混合，是一种冷红色和沉着的红色，它精致而富丽，高贵而迷人。偏红的紫色，华贵艳丽；偏蓝的紫色，沉着高雅，常象征尊严，孤傲或悲哀。紫罗兰色是紫色的较浅的阴面色，是一种纯光谱色相，而紫色是混合色，两者在色相上有很大的不同。（图7-3-16）

白色：光明的颜色，是一种令人追求的色彩。它洁净、纯真、浪漫、神圣、清新、漂亮；同时还有解脱和逃避的寓意。（图7-3-17）

图7-3-16 现代室内空间色彩设计

图7-3-17 现代室内空间色彩设计

灰色：黑白之间，"灰色作为一种中立，并非是两者中的一个——既不是主体也不是客体；既不是内在的也不是外在的；既不是紧张的也不是和解的。"它无聊、雅致、孤独、时髦。（图7-3-18）

黑色：美丽的颜色，具有严肃、厚重、性感的特色。黑色在某种环境中给人以距离感，具有超脱、特殊的特征。任何一种颜色在黑色的陪衬下都会表现得更加强烈，黑色提高了有

图7-3-18 现代室内空间色彩设计

图7-3-19 现代室内空间色彩设计

彩颜色的色度，使周围的世界变得更加引人注目。（图7-3-19）

2. 色彩与记忆

记忆中的色彩都要比实际的物体色在纯度和明度上偏高许多。这是因为记忆中的色彩，视觉通过简化和重点选择，使其获得了某种程度的强调。如香蕉在人们的眼里是黄色的，但在记忆里，这种黄的程度就更加强化、象征化了，但实际上香蕉是黄色中带绿色的感觉。一般情况下，暖色系的色彩比冷色系的色彩记忆性强；纯度高的色彩记忆率高；高明度的色彩比低明度的色彩容易记忆；华丽的色彩比朴素的色彩容易唤起人们的记忆。

3. 色彩的联想与延伸

飘逸与凝重的色彩、华丽与朴素的色彩、灿烂与质朴的色彩、积极与消极的色彩以及意志与幻想的色彩，人们的这些感觉，是进一步对色彩的认识以及由此而产生的情感升华。人们常常把饿鬼的脸涂抹成为绿色，把受人尊敬的神以金银、红色来描绘，象征神圣的光辉，象征赤胆忠心。这些赋予幻想性、意志性、目的性的描绘是因为色彩在人们心中起着最自由、最奇异的作用。根据画家的经验，一般暖色相和明色调占优势的画面，容易造成欢快的气氛，而用冷色相和暗色调占优势的画面，容易造成悲伤的气氛。这对现代室内空间设计中色彩的选择具有重要的参考价值。

第四节 现代室内空间色彩设计

一、现代室内空间色彩设计应注意的问题

（1）室内色彩体现风格和个性。

室内色彩的配置既能体现人的性格，又能影响人的情绪。人的性格或开朗、热情、豁达、坦诚，或内向、平静、稳重、典雅，这都能从个人对色彩的喜好上体现出来。老人、小孩，男、女，对色彩的要求有很大的区别，色彩应适合居住者的爱好。一般说来，喜欢浅色调和纯色调的人多半直率开朗，喜欢灰色调和暗色调的人多半深沉含蓄；喜欢暖色调的人热情活泼、开朗大方，喜欢冷色调的人平静、内向。所以，合理运用色彩的和谐配置，常常会使人保持一种全新的、愉悦的心情和饱满的精神状态。（图7-4-1）

（2）室内色彩对心态的调节。

色彩环境对于人的精神状态具有重要的影响，哥德曾提到："一个俏皮的法国人自称，由于夫人把她室内的家具颜色从蓝色改变成了深红色，他对夫人谈话的声调也改变了。"由此可见，室内色彩氛围以及由此呈现出的某种情调会极大地影响人的情绪。不同的使用目的，如会议室、病房、起居室，显然在考虑色彩的要求、性格的体现、气氛的形成方面各不相同。一般情况下，暖色调、浅色调、纯色调等使人心情愉悦；冷色调、暗色调、灰色调使人冷静深沉。（图7-4-2—图7-4-4）

图7-4-1 现代室内空间色彩设计

图7-4-2 葡萄酒和香槟酒吧色彩设计

图7-4-3 素丽娅泰休闲会所色彩设计

99

图7-4-4 瑞士苏黎世酒店色彩设计

（3）室内色彩设计的应用。

按规律，室内色彩设计大致可分为两大类：关系色类和对比色类。无论哪一类型的色彩计划，都必须根据室内设计效果综合考虑。

另外，还应考虑空间的方位、大小、形式、周边的环境以及使用者在空间内的活动及使用时间的长短和对色彩的偏爱。学习的教室，工业生产车间，不同的活动与工作内容，要求不同的视线条件，如此才能提高效率、保证安全，达到舒适的目的。长时间使用的房间的色彩对视觉的作用，应比短时间使用的房间强得多。色彩和环境有密切联系，尤其在室内，色彩的反射可以影响其他颜色。同时，不同的环境，通过室外的自然景物也能反射到室内来，色彩还应与周围环境取得协调。一般说来，在符合原则的前提下，色彩设计应该合理地满足不同使用者的爱好和个性，符合使用者心理要求。（图7-4-5—图7-4-8）

二、室内色彩的设计方法

室内色彩的运用要按设计的意图，从整体上进行综合考虑。但是从其基本原则来说，都是上浅下深，根据色彩重量感，使环境色彩造成一种安定、稳定的感觉。色彩的运用有统一与对比的关系，而且应以协调统一为主。

图7-4-5 青岛嘉峪关学校图书馆室内色彩设计

图7-4-6 青岛嘉峪关学校图书馆室内色彩设计

图7-4-7 青岛嘉峪关学校图书馆室内色彩设计

图7-4-8 青岛嘉峪关学校图书馆室内色彩设计

1. 色彩的协调问题

（1）色彩的协调：色彩的协调，就是两种以上的颜色相处时所产生的相互效果的和谐。要使色彩和谐，通常采用相近的类似色彩的组

合，或者用相同明暗的不同色彩的组合。实际上就是色阶的适意和不适意或有吸引力和无吸引力。（图7-4-9、图7-4-10）

图7-4-9 现代室内空间色彩设计

图7-4-10 现代室内空间色彩设计

（2）和谐与补色：和谐的基本原则来源于生理学上假定的补充色规则。人们眼睛看到一种色彩时，便会产生另一种色彩，这种色彩同原来看到的那种色彩一起完成色轮的总和。生理现象表明，我们对一方绿色方块注视一会儿，然后闭起眼睛，就会看到一种作为视觉残像的红色方块；反之，看到红色方块，它的视觉残像是绿色的，可见色彩产生的残像总是它的补色。利用这种补充色规律，可以使我们在运用色彩上取得协调。

在色环上处于相对地位并形成一对互补色的那些色相是协调的，将色环三等分，可造成一种特别和谐的组合。色彩的近似协调和对比

协调在现代室内空间色彩设计中都是需要的。近似协调固然能给人以统一和谐的平静感觉，但对比协调在色彩之间的对立、冲突基础上所构成的和谐关系却更能动人心魄，关键在于正确处理和运用色彩的统一与变化规律。

2. 室内色彩构图

室内色彩的设计比较复杂，受到光线、材料颜色、物体自身的颜色、人为因素的影响，其色彩表现丰富，各部分色彩关系复杂，既相互联系又相互影响。在室内设计中，根据设计构思，首先应使主色调贯穿整个建筑空间。一般可归纳为下列各类色彩部分：

（1）背景色：如墙面、地面、天棚，在室内所占的比例较大，设计时可作为室内色彩的主色调。因为，不同色彩在不同的空间背景（天棚、墙面、地面）上所处的位置，对房间的性质、对心理知觉和感情反应可以造成很大的不同。所以，主色调要力求反映主题，即通过主调色彩达到预期的室内色彩效果，统帅整个室内的色彩关系，形成一种色彩倾向。（图7-4-11）

图7-4-11 现代室内空间色彩设计

（2）装修色彩：如门、窗、通风孔、博古架、墙裙、壁柜等，它们常和背景色彩有紧密的联系。

（3）家具色彩：不同品种、规格、形式、材料的各式家具，如橱柜、梳妆台、床、桌、椅、沙发等，它们是室内陈设的主体，是表现室内风格、个性的重要因素，它们和背景色彩有着密切关系，常成为控制室内总体效果的主体色彩。（图7-4-12）

图7-4-12 香格里拉大酒店色彩设计

（4）织物色彩：包括窗帘、帷幔、床罩、台布，地毯和沙发、坐椅的蒙面织物。室内织物和人的关系更为密切，在室内色彩中起着举足轻重的作用，如不注意可能成为干扰因素。织物也可用于背景，也可用于重点装饰。（图7-4-13）

图7-4-13 北京瑜舍酒店空间色彩设计

（5）陈设色彩：灯具、电视机、电冰箱、热水瓶、烟灰缸、日用器皿、工艺品、绘画雕塑，它们体积虽小，常可起到画龙点睛的作用，不可忽视。在室内色彩中，常作为重点色彩或点缀色彩。

（6）绿化色彩：盆景、花篮、吊篮、插花,不同植物有不同的姿态色彩、情调和含义，和其他色彩容易协调，它对丰富空间环境，创造空间意境，加强生活气息，软化空间肌体，有着特殊的作用。（图7-4-14）

图7-4-14 埃德蒙顿机场植物墙设计

在现代室内空间色彩设计时，应将大范围的室内色彩处理成协调关系，形成现代室内空间色彩的基本调子，明确室内色彩重点表现的对象，以反映出室内的冷暖、性格和气氛。依据室内色彩的丰富性和变化性，以及包豪斯的"少就意味着多"的设计理念，现代室内空间色彩构图应从整体出发，用高度概括的设计手法，将现代室内空间繁杂的物体色彩归纳为不同空间层次的大色块。可以概括为三大部分：①作为大面积的色彩，对其他室内物件起衬托作用的背景色；②在背景色的衬托下，以在室内占有统治地位的家具为主体色；③作为室内重点装饰和点缀的面积小却非常突出的重点色或称强调色。同时，在统一的主色调中重点突出某些色块，使室内色彩统一中有变化，和谐中有对比，形成一定的色彩节奏，将色彩有规律地布置，以达到产生色彩的韵律感及引导视

线运动的效果。（图7-4-15、图7-4-16）

事物都有两面性。在室内色彩设计中除了强调背景色、主体色和强调色三者之间的协调统一形成色调外，还可以通过色彩的创新获得丰富的室内色彩效果。比如利用色彩的重复与呼应，将能表达设计概念的颜色用到一些关键的部位上，使整个现代室内空间在这种色彩的统治下。如将家具、窗帘、地毯设计成同类颜色，使其他色彩处于从属地位；同时，使室内色彩之间相互联系，取得呼应关系，使人在视觉上取得联系和运动的感觉，形成一个多样统一的现代室内色彩空间。另外，色彩的统一，还可以采取选用材料的限定来获得。例如可以用大面积木质地面、墙面、顶棚、家具等，也可以用色、质一致的蒙面织物，使用于墙面、窗帘、家具等部位。某些设备，如花卉盛具和某些陈设品，还可以采用套装的办法，来获得材料的统一。

总之，解决色彩之间的相互关系，是现代室内空间色彩设计的中心。室内色彩可以统一划分成许多层次，色彩关系随着层次的增加而复杂，随着层次的减少而简化，不同层次之间的关系可以分别考虑为背景色和重点色。背景色常作为大面积的色彩，宜用灰调，重点色常作为小面积的色彩，在彩度、明度上比背景色要高。在色调统一的基础上可以采取加强色彩力量的办法，即重复、韵律和对比强调室内某一部分的色彩效果。现代室内空间的趣味中心或视觉焦点或重点，同样可以通过色彩的对比等方法来加强效果。通过色彩的重复、呼应、联系，可以加强色彩的韵律感和丰富感，使室内空间色彩达到多样统一，统一中有变化，不单调、不杂乱，色彩之间有主有从有中心，形成一个完整和谐的整体。

图7-4-15 上海浦东洲际酒店色彩设计

图7-4-16 上海浦东洲际酒店色彩设计

第八章

现代室内家具与陈设

家具是人们日常工作生活中不可缺少的器具，它是室内环境中体积最大的内含物。家具与陈设是现代室内空间设计中的重要组成部分，在室内环境中起着重要的作用。家具与陈设又有其自身的构成规律及设计原则，它们在现代室内环境中又必须服从室内环境的总体要求。家具，是人们维持正常的工作、学习、生活、休息和开展社会活动所不可缺少的生活器具，大致包括坐具、卧具、承具、庋具、架具、凭具和屏具等类型，具有坐卧、凭倚、贮藏、间隔等功能。家具的功能具有两重性，它既是物质产品，又是精神产品，既有使用功能，又有精神功能，因此家具的设计和布置必须达到使用功能、技术条件和设计造型的完美统一。

第一节 家具的发展简史

家具的发展史是一部人类文明进步的历史缩影。家具起源于生活，又促进生活的变化，它既是物质产品又是精神产品，既有实用功能又有精神功能。家具的发展与社会的生产技术水平、政治制度、生活方式、风格习俗、思想观念以及审美意识等因素有着密切的联系。随着人类文明的进步，家具的类型、功能、形式和数量及材质也不断发展，同时，家具的发展与建筑的发展有着一脉相承的血缘关系，有什么风格的建筑就会有什么风格的家具。

一、中国传统家具的演变

中国传统家具具有悠久的历史，中国家具的产生可追溯到新石器时代。从新石器时代到秦、汉时期，受文化和生产力的限制，家具都很简陋。南北朝以后，高型家具渐多，至唐代高型家具日趋流行。至宋代，适应垂足坐的高型家具普及民间，成为人们起居作息的主要用具，至此中国传统木家具的造型、结构基本定型。

从夏商周开始，家具的各种类型都已出现。从公元前1700年以前的甲骨文和有关青铜器上可以看出，商代人的起居习惯和所使用的家具情况，仍是保持着原始人席地而坐的生活方式。在发掘山西襄汾县陶寺村新石器时代晚期遗址（公元前2500—前1900年）时，从器物痕迹和彩皮辨认出随葬器中已有木质长方平板、案、俎和置酒器的"禁"等。这是迄今为止发现的最早的中国木制家具。

春秋战国和秦时期人们的起居习惯虽仍是席地而坐，但席下开始垫筵（竹席）。这时期漆木家具处于发展时期，青铜家具也具有很大的进步，它的形制和品种都是比较丰富的，出现了凭几、凭扇和衣架等家具形式。此时也是中国低型家具发展的高峰时期，家具造型粗犷、敦厚，突出实用性能，结构简单明确，外形质朴且庄重。常用榫接形式，这些结构经历代不断改进、发展，形成了中国传统家具的重要特征，并沿用至今。这一时期的漆木家具，进入全盛时期，不仅数量大、种类多，而且装饰工艺也有较大的发展。

两汉、三国时期家具中的坐具除席、筵外，已创造出榻和独坐式小榻，并出现了一种可供垂足而坐的胡床，即现在所称之"马扎"。而北方延续至今的炕就出现于汉代，凭几在沿用已有的直形外，又出现了一种曲形凭几，即在三足之上置一半圆形曲木为凭；除木制外，还有陶制。庋具仍以箱为主，除木箱外，还出现木柜、木橱和竹材编织的笥。（图8-1-1）

两晋、南北朝（公元265—589年）是中国历史上各民族大融合时期。由于西北少数民族进入中原，导致长期以来跪坐形式的转变，并逐渐从汉以前席地跪坐改为西域"胡俗"的垂足而坐，高足式家具开始兴起，出现了高型坐具，如凳、筌蹄、胡床、架子床和椅子等，以适应垂足而坐的生活，室内空间也随之增高。装饰除秦汉以来传统的纹样外，随同佛教艺术而来的火焰纹、莲花、卷草纹、璎珞、飞天、狮子、金翅鸟等也开始流行。（图8-1-2、图8-1-3）

隋、唐、五代（公元589—960年）是中国高型家具得到极大发展的时期，也是席地坐与垂足坐并存的时代。这个时期的坐具十分丰富，主要是为了适应垂足坐的需要，出现了如凳类、筌蹄、胡床、榻以及椅类等。卧具仍以床和炕为主，四腿床是一般的床式，壶门床为高级床，是隋唐家具的典型代表。此时的承具也处于高、低型交替并存时期，低型承具继承了两汉南北朝已臻成熟的案、几造型。而高型如高桌、高案还处于产生和完善的过程中，数量尚不多。（图

图8-1-1 汉代乐舞杂技画像砖

图8-1-2 魏晋南北朝时期 列女古贤图画像砖

图8-1-3 魏晋南北朝时期 北齐校书图

8-1-4、图8-1-5）

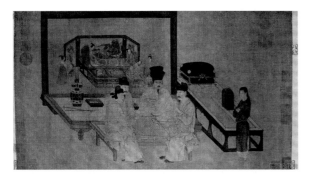

图8-1-4 《重屏会棋图》五代 周文矩

图8-1-5 《韩熙载夜宴图》五代 顾闳中

宋代是中国封建社会承前启后的时期，由于手工业、工艺技术和生产工具的进步，家具得到了迅速的发展。此时，低型家具已退出历史舞台，高型家具已经普及并出现更多形制，如高桌、高案、高几、太师椅、折背样椅等，大大丰富了传统家具的类型。家具确立了以框架结构的基本形式，家具在室内的布置有了一定的格局。元代家具发展比较滞缓，地区间差别比较大，并成为宋明之间一条不很明显的纽带。元代家具的形制在宋代的基础上有了修改，其结构更趋合理。（图8-1-6、图8-1-7）

明清家具在继承宋代家具的基础上，发扬光大，推陈出新，不仅种类齐全，款式繁多，而且用材讲究，造型朴实大方，制作严谨准确，结构合理规范，逐步形成稳定、鲜明的家居风格，把中国古代家具推向顶峰时期，在我国家具史上占有最重要的地位，以形式简捷、构造合理著称于世。

图8-1-6 《补衲图》宋 刘松年

图8-1-7 《妆靓仕女图》宋 苏汉臣

中式家具按其功能来分可以分为以下几类：

· 坐具类：官帽椅、灯挂椅、扶手椅、圈椅、条凳、杌子、绣墩等十多种；（图8-1-8）

· 卧具类：榻、罗汉床、架子床等；（图8-1-9）

· 承具类：有炕桌、香几、条案、翘头案、琴桌、供桌、方桌、八仙桌、月牙桌等；

· 庋具类：箱、门户橱、书柜、衣柜、立柜等；

· 其他类：屏风、衣架、插屏、面盆架、炉座、镜台、灯台等。

除上述家具类型外，还有名目繁多的各色小家具，其品种之丰富可说是前所未有，并且随着建筑类型的发展，室内家具也出现了与庭堂、居室、书房、祠庙、亭阁等配套的形式与类型。

图8-1-8 明清家具

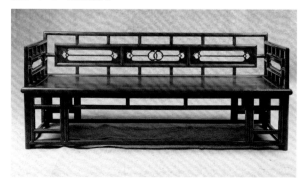

图8-1-9 明清家具

二、国外古典家具

1. 古代家具

主要时间范围为公元前16世纪到公元5世纪，包括古埃及、古希腊、古罗马时期的家具。

古埃及（公元前3100—前311年）家具的种类很多，常见的种类有床、椅、柜、桌、凳等，矮凳和矮椅是最通常的坐具。家具特征：由直线组成，直线占优势；动物腿脚椅和床，矮的方形或长方形靠背和宽低的座面，侧面成内凹或曲线形，采用几何或螺旋形植物图案装饰。家具装饰多用贵重的涂层和各种材料镶嵌，用色鲜明，富有象征性；凳和椅是家具的主要组成部分。埃及家具对英国摄政时期和维多利亚时期及法国帝国时期影响显著。（图8-1-10、图8-1-11）

图8-1-10 古埃及时期家具

图8-1-11 古埃及时期家具

古希腊（公元前650—前30年）与同时期的埃及家具一样，都是采用长方形结构，同样是动物腿脚椅，平直的椅背、椅坐等。公元5世纪，希腊家具开始呈现出新的造形趋向，这时的坐椅形式已变得更加自由活泼，由优美的曲线构成，椅腿也变成带有曲线的镟木风格。古希腊家具具有简洁流畅、比例适宜、典雅优美的艺术风格和特点。（图8-1-12）

古罗马（公元前753—365年）家具的基本造形和结构表明，它是从希腊家具直接发展而来，家具厚重，采用镶嵌与雕刻，各有旋车盘鹿脚、动物足、狮身人面及带有翅膀的鹰头狮身的怪兽。罗马家具带有奢华的风貌，家具上雕刻精细，特别是出现模铸的人物和植物

图8-1-12 古希腊时期镟木风格座椅

图8-1-14 中世纪时期家具　　图8-1-15 中世纪时期家具

图饰，显得特别华美。此外，古罗马的家具在装饰手法上，还将战马、胜利花环、希腊神话等题材作为装饰雕塑刻画在家具上，以象征统治者的身份、地位和权威，使罗马帝国的英雄气概和统治者的权威体现在家具上。（图8-1-13）

2. 中世纪家具

中世纪时期是指从西罗马帝国衰亡到欧洲文艺复兴兴起前的这一段时间，约在公元5世纪至14世纪。这个时期的家具主要是仿希腊、罗马时期的家具，同时兴起了哥特式家具。

拜占庭家具继承了罗马家具的形式，趋向于更多的装饰。装饰手法模仿古罗马建筑上的拱券形式，具有强烈的节奏感。拜占庭家具在装饰上常用象征基督教的十字架符号，或圆环、花冠、狮马等纹样，而且使用东方风格的几何纹样。哥特式家具由哥特式建筑风格演变而来。其家具比例瘦长，高耸的椅背带有烛柱式的尖顶，椅背中部或顶盖的眉沿均用细密的拱券透雕或浮雕予以装饰。哥特式家具还在于它精细的雕刻装饰上，哥特式家具的装饰大多取材于《圣经》内容，由于雕刻技术的发展，使哥特式家具精致的木雕装饰艺术得以充分展露，同时也显示出了这个时期家具精湛的艺术成就。（图8-1-14、图8-1-15）

3. 文艺复兴时期（公元14—16世纪）家具

文艺复兴是指以意大利各城市为中心开始的对古希腊、古罗马文化的复兴运动。

图8-1-13 古罗马家具

意大利文艺复兴时期，为了适应社会交往和接待增多的需要，家具靠墙布置，并沿墙布置了半身雕像、绘画、装饰品等，强调水平线，使墙面形成构图的中心。家具的特征是：普遍采用直线式，以古典浮雕图案为特征，许多家具放在矮台座上，椅子上加装垫子，家具部件多样化，讲究以成套的家具形式出现于室内，还善于用不同色彩的木材镶成各种图案，以增加装饰效果。西班牙文艺复兴时期的家具许多是原始的，特征是：以直线为主要线形，衬以曲线，结构简单，缺乏细部的装饰，家具体形大，富有男性的阳刚气，色彩鲜明，用压印图案或简单的皮革装饰，图案包括短的凿纹，几何形图案，鹿脚是八字形式倾斜的，采

用铁和银的玫瑰花饰以及贝壳作为装饰。（图8-1-16—图8-1-19）

文艺复兴运动在欧洲风靡了几个世纪，它击碎了中世纪的刻板僵直与教会的宗教幻梦，开创了自由生动的形式，使家具生产走上了以"人"为中心的道路，可以说是家具发展史上的里程碑。

4. 浪漫时期家具

16世纪末，文艺复兴运动时期的家具风格已被逐渐兴起的巴洛克风格所代替。其中早期巴洛克家具最主要的特征是用扭曲形的腿部来代替方木或镟木的腿。这一特点很符合宫廷显贵们的口味，因此很快影响了意大利和欧洲各国，成为风靡一时的潮流。

法国巴洛克风格亦称法国路易十四风格，其家具特征为：雄伟、带有夸张的、厚重的古典形式，雅致优美重于舒适，采用直线和一些圆弧形槽线相结合，运用矩形、截角方形、椭圆形和圆形作为构图的基本手法。既有雕刻和镶嵌细工，又有镀金或部分镀金或银、镶嵌、涂漆、绘画。为显示家具的轻巧，常将方柱体的腿做成下溜势，末端再用上一个较小的面包

图8-1-16 文艺复兴时期家具

图8-1-17 文艺复兴时期家具

图8-1-18 文艺复兴时期家具

图8-1-19 文艺复兴时期家具

脚或重花脚。装饰题材有绳纹、螺旋纹、花草植物纹和女神像首等。（图8-1-20）英国安尼皇后（1702—1714年）式家具轻巧优美，做工优良，无强劲线条，并考虑人体尺度，形状适合人体。椅背、腿、座面边缘均为曲线，装有舒适的软垫，用法国、意大利有美观木纹的胡枕木作饰面，常用木材有榆、山毛榉、紫杉、果木等。（图8-1-21）巴洛克家具的最大特色是将富于表现力的细部相对集中，简化不必要的部分而着重于整体结构，舍弃了文艺复兴时期复杂、华丽的表面装饰，改成区分重点，加强整体装饰的和谐效果。这种改革不仅使家具形式在视觉上产生更为华贵而统一的效果，同时在功能上更具舒适的效果。

洛可可是盛行于18世纪路易十五时代的一种艺术风格，也叫"路易十五式"。洛可可家具的最大成就是在巴洛克家具的基础上进一步将优美的艺术造型与舒适的功能巧妙地结合在一起，形成完美的工艺作品。路易十五式的靠椅和安乐椅就是洛可可风格家具的典型代表。法国路易十五时期的家具特征：家具是娇柔和雅致的，符合人体尺度，重点放在曲线上，特别是家具的腿，无横档，家具比较轻巧，因此容易移动；华丽装饰包括雕刻、镶嵌、镀金物、油漆、彩饰、镀金。在涂饰上模仿中国的做法，以产生金碧辉煌的色彩效果，是一种极为豪华的家具。（图8-1-22、图8-1-23）

图8-1-20 路易十四时期雕羊头贴金箔大理石面猎物桌

图8-1-22 路易十五时期雕花贴金箔大理石面小案

图8-1-21 英国安尼皇后式家具

图8-1-23 路易十五时期雕花贴金箔织锦面扶手椅

5. 过渡时期家具

新古典主义：新古典主义风格的家具可分为18世纪末的"庞贝式"和19世纪初的"帝政式"两个阶段，它们各自代表的是路易十六时期的家具和拿破仑称帝时期的家具。

庞贝式风格盛行于18世纪后期，其家具的主要特点是完全抛弃了路易十五式的曲线结构和虚假装饰，以直线造形为其家具的特色，追求家具结构的合理性和简洁的形式。它使当时的家具获得了一种明晰、挺拔、轻巧的美感。在家具的装饰上注重使用具有规整美的古代植物纹样图案，色彩上则大量使用粉红、蓝、黄、绿、淡紫、灰等自然优雅而明亮的颜色。法国帝政时期家具特点是把古希腊、古罗马时代的建筑造型用在家具装饰上，带有刚健曲线和雄伟的比例，体量厚重，广泛使用漩涡式曲线以及少量的装饰线条，家具外观对称统一。帝政式风格不考虑功能与结构之间的关系，一味盲目效仿，可以说是一种彻底的复古运动的产物。（图8-1-24、图8-1-25）

19世纪后期和莫里斯运动：这一时期的家具发展存在两条平行的路线。一条是以英国威廉·莫里斯为代表的一批艺术家和建筑家，他们竭力主张以表现自然形态的美作为自己的装饰风格，从而使家具设计像生物一样富有活力。另一条是德国的米夏尔·托奈特创造的。他以他的实干精神解决了机械生产与工艺设计之间的矛盾，第一次实现了家具的工业化生产。托奈特的主要成就是研究弯曲木家具，采用蒸木模压成形技术。1907年，德国建筑师赫尔曼·马蒂修斯在慕尼黑创建了德国制造联盟，主张用机器来生产他们的作品，创造性地将艺术、工业和工业化融合在一

图8-1-24 路易十六时期硬木拼花贴皮鎏金铜锛两屉桌

图8-1-25 路易十六时期古典家具

起，同年在德累斯顿工艺美术展览会上展出了从家具到炉子和火车车厢等的机制产品。1910年和1913年，奥地利制造联盟与瑞士制造联盟相继成立，1915年在英国成立了设计与工业协会。其目标与德国制造联盟的目标相一致，均对后来的现代主义设计及包豪斯的设计产生了重要的影响。

三、近现代家具

这个时期出现了众多的家具设计流派，其中具有影响力的流派有风格派、包豪斯学派

与国际风格等。19 世纪末到 20 世纪初，继新艺术运动之后，风格派兴起。随着工业技术的迅速发展，各种材料日新月异，为现代家具的不断更新提供了有利的物质基础。西方许多著名建筑师都亲自设计了许多家具，如里特维尔德在1918年设计的著名红、黄、蓝三色椅，赖特（1896～1959）为 Larkin 建筑设计了第一把金属办公椅；勒·柯布西耶(1887~1965) 在 1927 年设计的镀铬钢管构架上用皮革作饰面

材料的可调整角度的躺椅，他还在 1929 年设计了可转动的扶手椅；密斯在 1929 年设计的"巴塞罗那"椅，也著名于世。在不到 100 年的时间里，现代家具的崛起使家具设计发生了划时代的变化。（图8—1—26—图8—1—29）

第二次世界大战后的家具行业随着和平时期的到来、科技的进步、生活水平的不断提高与多样化、国际交流的发展，出现了前所未有的新趋势。

图8-1-26

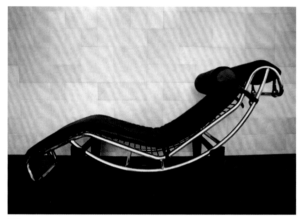

图8-1-27

图8-1-28

图8-1-29

第二节 家具的尺度与分类

家具的服务对象是人，每一件家具都是由人使用的。因此，家具设计包括它的尺度、形式及其布置方式，必须符合人体尺度及人体各部分的活动规律，以便达到安全、舒适、方便的目的。

一、人体工程学与家具设计

家具的功能与尺度设计是家具设计的主要设计要素之一。尺度对家具的结构和造型起着主导的和决定性的作用，不同尺度有其不同的造型与功能，在满足人类多种多样的要求的同时，力求家具能够符合人体尺度、舒适方便、坚固耐用。因此，家具设计师必须了解人体与家具的关系，把人体工程学知识应用到现代家具设计中来。人体工程学在家具功能设计中的作用体现在以下方面。

（1）确定家具的最优尺寸：人体工程学的重要内容是人体测量，包括人体各部分的基本尺寸、人体肢体活动尺寸等，为家具设计提供精确的设计依据，科学地确定家具的最优尺寸，更好地满足家具使用时的舒适、方便、健康、安全等要求。同时，也便于家具的批量化生产。

（2）为设计整体家具提供依据：设计整体家具要根据环境空间的大小、形状以及人的数量和活动性质确定家具的数量和尺寸。家具设计师要通过人体工程学的知识，综合考虑人与家具及室内环境的关系并进行整体系统设计，这样才能充分发挥家具的总体使用效果。

人体的动作形态相当复杂而又变化万千，坐、卧、立、蹲、跳、旋转、行走等都会显示出不同形态所具有的不同尺度和不同的空间需求。从家具设计的角度来看，合理地依据人体工程学的知识来设计家具，能调整人的体力损耗，减少肌肉的疲劳，从而极大地提高动作效率。因此，在家具设计中，对人体动作形态的研究显得十分必要。坐卧类家具支持整个人体重量，和人的身体接触最为密切。为使座椅能使人不致疲劳，它必须具有5个完整的功能：① 骨盆的支持。② 水平座面。③ 支持身体后仰时升起的靠背。④ 支持大腿的曲面。⑤ 光滑的前沿周边。

人体在采取坐位时，躯干直立肌和腹部直立肌的作用最为显著，据肌电图测定凳高100～200mm时，此两种肌肉活动最弱，因此除体压分布因素外，依此观点，作为休息椅的沙发、躺椅的椅面高度应偏低，一般沙发高度以350mm为宜。其相应的靠背角度为100°，躺椅的椅面高度为200mm，其相应的靠背角度为110°。

椅面，常有平直硬椅面和曲线硬椅面，前者体压集中于坐骨骨节部位，而后者可稍分散于整个臀部。座面深度小于33cm时，无法使大腿充分均匀地分担身体的重量，当座面深度大于41cm时，致使前沿碰到小腿时，会迫使坐者往前而脱离靠背，其身体由靠背往前滑动，将造成不适或不良坐姿。座面宽无法容纳整个臀部时，常因肌肉接触到座面边沿而受到压迫，并使接触部位所承受的单位压力增大而导致不适。休息椅座面，以坐位基准点为水平线时，座面的向上倾角，一般工作椅上倾为3°～5°，沙发6°～13°，躺椅14°～23°。座面前沿应有2.5～5cm的圆倒角，才能不使大腿肌肉受到压迫。在取坐位时，成人腰部曲线中心约在座面上方23～25cm处，大约和脊柱腰曲部位最突出的第三腰椎的高度一致。一般腰靠应略高于此，常取35.5～50cm（背长），以支持背部重量，腰靠本身的高度一般在15～23cm，宽度为33cm，过宽会妨碍手臂动作。腰靠一般为曲面形（半径约31～46cm的弧度），这样可与人的腰背部圆弧吻合。休息椅整个靠背高度比座部高出53～71cm，高度在33cm以内的靠背，可让肩部自由活动。当靠背角度从垂直线算起，超过30°时的座椅应设头靠，头靠可以单独设置，或和靠背连成一体，头靠宽度最小为25cm，头靠本身高度一般为13～15cm，并应由靠背面前倾5°～10°，以减轻颈部肌肉的紧张。座面与靠背角度应适当，不能使臀部角度小于90°，而使骨盘内倾将腰部拉直而造成肌肉紧张。靠背与座部一般在90°～100°之间，休息椅一般在100°～110°之间。

扶手的作用是支持手臂的重量，同时也可以作为起坐的支撑点，最舒适的休息椅的扶手长度可与座部相同，甚至略长一点。扶手最小长度应为30cm。21cm的短扶手可使椅子贴近桌子，方便前臂在桌子上有更多活动范围，但最短应不小于15cm，以便支手肘。扶手宽度一般在6.5～9.0cm，扶手之间宽度为52～56cm。扶手高在18～25cm左右，扶手边缘应光滑，有良好的触感。

工作用桌面高差应为250～300mm，作休息之用时，其高差应为100～250mm。工作时人的坐位基准点为390～410mm，因此工作桌面高度应为390～410mm加上250～300mm，即640～710mm。桌下腿部净空间以60cm为宜。

卧室的床面质量对人体脊柱有不同的影响。以仰卧为例，它接近于直立时的自然姿势，但脊柱线相当弯曲。因此，床的过硬过软均不合适，这要求设计弹性床时对各部位弹力作不同的调整。橱柜是用作储藏、陈设的主要家具，常见的有衣橱：书橱、文件柜等。现代的组合柜、装饰柜，常作日常用品的储藏，常利用橱门翻板作为临时用桌，或利用柜子下部空间作为翻折床用。橱柜款式丰富，造型多样，应在符合使用要求的基础上，着力于立面上水平、垂直方向的划分，注意虚实处理和材质、色彩的表现，使之具有良好的比例。

二、家具的分类

室内家具可按其使用功能、制作材料、结构构造体系、组成方式以及艺术风格等方面来分类。

1. 按人体活动姿态分类

由人体活动及相关的姿态，人们设计生产了相应的家具。根据家具与人和物之间的关系，可以将家具划分成三类：

（1）坐卧类（支承类）家具：与人体直接接触，起着支承人体活功的作用，如椅、凳、沙发、床、榻等。

（2）凭倚类家具：与人体活动有着密切关系，其主要功能是满足和适应人在站、坐时对辅助平面的需要或兼作存放空间之用。如桌、台、几、案、柜台等。

（3）贮存类（贮藏类）家具：与人体产生间接关系，起着贮存或陈放各类物品的作用，有时兼有分隔空间作用，如橱、柜、架、箱等。

2. 根据材料分类

家具可以用单一材料制成，也可多种材料结合使用，以发挥各自的优势。

（1）木质家具——用木材及其制品，如

图8-2-2 木制家具

图8-2-3 竹藤家具

图8-2-4 金属家具

图8-2-1 木制家具

胶合板、纤维板、刨花板等制作的家具。木材质轻，强度高，易于加工，形式更多样，更富有现代感，更便于和其他材料结合使用，而且其天然的纹理和色泽，具有很高的观赏价值和良好手感，使人感到十分亲切。木质家具是家具中的主流。常用的木材有柳桉、水曲柳、山毛榉、柚木、红木、花梨木等。（图8-2-1、图8-2-2）

（2）竹藤家具——以竹、藤为材料制作的家具。它和木制家具一样具有质轻、高强、纯朴、自然等特点，而且更富有弹性和韧性，易于编织，具有浓厚的乡土气息和地方特色，在室内环境中具有极强的表现力。常用的竹藤有毛竹、淡竹、黄枯竹、紫竹，莉竹及广藤、土藤等。但各种天然材料均须按不同要求进行干燥、防腐、防蛀、漂白等加工处理后才能使用。（图8-2-3）

（3）金属家具——具常用金属管材为骨架，用环氧层的电焊金属丝线作座面和靠背。金属家具充分利用不同材料的特性，合理运用于家具的不同部位，给人以简洁大方、轻盈灵巧之感，并且通过金属材料表面的不同色彩和质感处理，使其极具时代气息，特别适合运用

于现代气息浓郁的室内环境。（图8-2-4）

（4）塑料家具——塑料具有质轻、高强、耐水、表面光洁、易成形等特点，而且有多种颜色。塑料家具分模压和硬质材两种类型。可制成随意曲面，以适合人体体型的变化，使用起来非常舒适；硬质材塑料可与其他材料如帆布、皮革等组合制成轻便家具。塑料家具的缺点是耐老化和耐磨性稍差。（图8-2-5）

（5）软垫家具——指由软体材料和面层材料组合而成的家具。常用的软体材料有弹簧、海绵、植物花叶等，有时也用空气、水等做成软垫；面层材料有布料、皮革、塑胶等。软垫家具能增加与人体的接触面，避免或减轻人体某些部分由于压力过于集中而产生的酸疼感；软垫家具有助于人们在坐、卧时调整姿势，以使人们得到安好的休息。（图8-2-6）

3. 根据结构形式分类

（1）框架家具——指以框架为家具受力体系，传统家具大多属于框架式家具。连接部位的构造以不同部位的材料而定。有榫接、铆接、承插接、胶接、吸盘等多种方式，并有固定、装拆之区别。框式家具常有木框及金属框架等。框架家具具有坚固耐用的特性，常用于柜、箱、桌、床等家具。

（2）板式家具——指用不同规格的板材，通过胶粘或五金构件连接而成的家具，可进行拼装和承受荷载。板材可以用原木或各种人造板。板式家具严整简捷，节约材料，组合灵活，造型新颖美观，富有时代感，运用很广。

（3）拆装家具——拆装家具摒弃了传统做法，部件之间靠金属连接器、塑料连接器、螺栓式木螺钉连接，必要的地方还有木质圆梢定位，部件间可以多次拆开和安装，

图8-2-5 塑料家具

图8-2-6 软垫家具

而且家具表面油漆也可用机械化喷制，所有这些均为生产、运输、装配、携带、贮藏提供了极大的方便。缺点是坚固程度略低，并需要制造连接器件。

（4）折叠家具——指一种具有灵活性的家具，这种家具可在使用时打开，不用时收拢。其特点是轻巧、灵活、体积小、占地少，便于存放、运输。折叠式家具主要用于面积较小或具有多种使用功能的场所。

（5）支架家具——指由承力的支架部分以及置物的柜橱或搁板构成的家具。支架通常由金属或木料、塑料等制作，其特点是结构简

洁、制作简便、重量轻巧、灵活多变，且不占或少占地面面积。多用于客厅、卧室、书房、厨房等地，用于贮存酒具、茶具、文具、书籍和小摆设。

（6）充气家具——充气家具的基本构造为聚氨基甲酸乙酯泡沫和密封气体，内部空气空腔，可以用调节阀调整到最理想的坐位状态。其特点是重量轻、用材少，给人以透明、新颖的印象。与传统家具相比，充气家具的主体是一个不漏气的胶囊。

（7）浇铸家具——采用硬质和发泡塑料，用模具浇筑成形的塑料家具，整体性强，是一种特殊的空间结构。其特点是质轻、光洁、色彩丰富、成形自由、加工方便，最适于制作小型桌椅，而且成本低，易于清洁和管理，在餐厅、车站、机场中广泛应用。

4. 根据家具组成分类

（1）单体家具。在组合配套家具产生以前，不同类型的家具之间很少有必然的联系，用户可以按不同的需要和爱好单独选购。这种单独生产的家具不利于工业化大批生产，而且各家具之间在形式和尺度上不易配套、统一。因此，它后来为配套家具和组合家具所代替。

（2）配套家具。指为满足某种使用要求而专门设计制作的成套家具。配套家具的内容和数量不定，但能满足不同场所的基本使用要求。配套家具的风格统一，色彩及细部装饰配件相同或相近，能给人以整体、和谐的美感。如卧室中的床、床头柜、衣橱等，常是因生活需要自然形成的相互密切联系的家具。配套家具现已发展到各种领域，旅馆客房中床、柜、桌椅、行李架等的配套，餐室中桌、椅的配套，客厅中沙发、茶几、装饰柜的配套，以及办公室家具的配套等。

（3）组合家具。指由若干个标准的家具单元或部件拼装组合而成的家具。其特点是具有拼装的灵活性、多变性。组合家具有利于标准化和系列化，使生产加工简化、专业化。在此基础上，又产生了以零部件为单元的拼装式组合家具。单元生产达到了最小的程度，如拼装的条、板、基足以及连接零件。这样生产更专业化，组合更灵活，也便于运输。用户可以买回配套的零部件，按自己的需要，自由拼装。

此外，还有活动式的嵌入式家具、固定在建筑墙体内的固定式家具、一具多用的多功能家具、悬挂式家具等类型。

第三节 家具在现代室内环境中的作用

家具是现代室内空间实用性质的直接表达者，家具本身具有坐、卧、凭依、贮藏等固有的使用功能。在现代室内环境中，家具的作用主要表现在物质功能和精神功能两方面。

一、家具在物质功能方面的作用

实用是家具最主要的物质功能，然而从现代室内空间组织上来看，家具还有分隔空间、组织空间与填补空间等作用。

（1）分隔空间：在现代建筑中为了提高内部空间的灵活性，常常利用家具对空间进行二次分隔。作为分隔用的家具可以是半高活动式的，也可以利用柜架做成固定式的。这种分隔方式同时满足了使用要求，特别在空间造型上取得了极丰富的变化，又取得了许多有效的贮藏面积。（图8-3-1、图8-3-2）。

（2）组织空间：在现代室内空间中合理地组织和满足多种使用功能，必须依靠家具的布置来实现，这样既可以围合出不同用途的使用区域，还可以组织人们在室内的行动路线，从而满足人们在现代室内环境中进行多种活动或享受多种生活方式的需要。诸如在住宅的起居室中，常用沙发和茶几组成休息、待客、家庭聚谈的区域；在商业空间中，则通过商品展示柜橱的巧妙布置来组织人流通行路线，以形成不同商品的营销区域。（图8-3-3、图8-3-4）

（3）填补空间：家具的数量、款式和配置方式对内部空间效果具有很大的影响。在现代室内空间中，如果家具布置不当，就会出现轻重不均的现象。反之，如果室内空间出现构图不平衡时，也可在一些空缺的位置布置柜、几、架等辅助家具，

图8-3-1 现代室内空间设计

图8-3-2 上海浦东洲际酒店空间设计

图8-3-3 现代室内空间设计

图8-3-4 台南香格里拉大酒店大堂空间设计

以使室内空间构图达到均衡与稳定的效果。如在一些写字楼、饭店大厅的过廊、过厅及电梯间等处，就常利用这种手法进行处理，从而达到平衡室内空间构图的作用。（图8-3-5）

二、家具在精神功能方面的作用

（1）陶冶人们的审美情趣：在现代室内空间环境中，各种不同文化层次的人都会接触家具，不同的人具有不同的审美情趣。随着家具的演变，人们的审美情趣会随之逐渐改变，所以家具与人们的审美情趣存在着互动的关系。当然，家具也能体现主人或设计师的审美情趣，因为家具的设计、选择和配置，能在很大程度上反映主人或设计师的文化修养、性格特征、职业特点和审美趣味。（图8-3-6）

（2）反映民族的文化传统：由于家具的造型和风格带有强烈的地方性和民族性，因此在现代室内空间设计中，常常利用家具的这些特征来加强设计的民族传统文化的表现。如上海的和平饭店，其享誉世界的也就是它具有中国、英国、美国、日本、意大利、德国、印度、西班牙等几个国家不同装饰风格的特色豪华套房。此外，不同地区由于地理气候条件不同，生产生活方式不同，风俗习惯不同，家具的材料、做法和款式也不同。因此家具还可以体现地方风格。（图8-3-7—图8-3-10）

（3）营造特定的环境气氛：室内空间的气氛和意境是由多种因素形成的，在这些因素中，家具有着不可忽视的作用。有些家具体形轻巧、外形圆滑，能给人以轻松、自由、活泼的感觉，可以形成一种悠闲自得的气氛。有些家具是用珍贵的木材和高级的面料制作的，

图8-3-5　现代室内空间设计

图8-3-6　德国-奥古斯丁酒店设计

图8-3-7　上海和平饭店

图8-3-8　上海和平饭店

图8-3-9　上海和平饭店

图8-3-10　上海和平饭店

带有雕花图案或艳丽花色，能给人以高贵、典雅、华丽、富有新意的印象。例如，竹子家具能给室内空间创造一种乡土气息和地方特色，使室内气氛质朴、自然、清新、秀雅；红木家具则给人以苍劲、古朴的感觉，使室内气氛高雅、华贵。（图8-3-11、图8-3-12）

图8-3-11 高山文苑鼎级会所室内空间设计

图8-3-12 高山文苑鼎级会所室内空间设计

第四节 现代室内空间中家具的配置和布置原则

一、现代室内空间设计中家具的配置

在现代室内环境中选择和布置家具，首先应满足人们的使用要求；其次要使家具美观耐看，同时根据室内环境的总体要求与使用者的性格、习俗、爱好来考虑款式与风格；再者还需了解家具的制作与安装工艺，以便在使用中能自由进行摆放与调整。其具体工作包括：

1. 确定家具

家具的形式往往涉及室内风格的表现，而室内风格的变现，除界面装饰装修外，家具起着重要的作用。室内的风格往往取决于室内功能需要和个人爱好和情趣，满足室内空间的使用要求是家具配置最根本的目标。家具的数量决定于不同的空间性质使用要求和空间大小，包括使用对象、用途、使用人数以及其他要求。在一般房间，如卧室、客房、门厅，则应适当控制家具的类型和数量，在满足基本功能要求的前提下，家具的布置宁少勿多、宁简勿繁，应尽量减少家具的种类和数量。（图8-4-1、图8-4-2）

图8-4-1 顶级别墅过厅设计

图8-4-2 顶级别墅门厅设计

2. 选择合适的款式

在选用家具款式时应讲实效、求方便、重效益。因此在选择家具时应把适用放在第一位，使家具适用、耐用甚至多用，省时省力，旅馆客房就常把控制照明、音响、温度、窗帘的开关集中设在床头柜上或床头屏板上。现代化的办公室也常常选用带有电子设备和卡片记录系统的办公桌。选择家具时，还必须考虑空间的性格。例如为重要公共建筑的休息厅选择沙发等家具时，就应该考虑一定的气度，并使家具款式与环境气氛相适应；而交通建筑内的家具，如机场、车站的候机、候车大厅内的家具，则应考虑简洁大方、实用耐久，并便于清洁。（图8-4-3、图8-4-4）

3. 确定合适的格局

家具布置的格局是指家具在室内空间配置时的构图问题，家具的布置格局要符合形式美的法则，注意有主有次、有聚有散。空间较小时，宜聚不宜散；空间较大时，宜散不宜聚。在日常生活中，家具的格局可分为规则和不规则两类。规则式多表现为对称式，有明显的轴线，特点是严肃和庄重，因此常用于会议厅、接待厅和宴会厅，家具主要成圆形、方形、矩形或马蹄形。不规则式的特点是不对称，没有明显的轴线，气氛自由、活泼、富于变化，因此常用于休息室、起居室、活动室等处，在现代建筑中比较常见。（图8-4-5、图8-4-6）

图8-4-3　曲阜香格里拉酒店设计

图8-4-4　现代室内空间设计

图8-4-5　日本东京香格里拉大酒店设计

图8-4-6　吉隆坡盛贸饭店餐厅设计

二、家具布置的原则

1. 合理的位置

现代室内空间的位置环境各不相同，在位置上有出入口的地带、室内中心地带、沿墙地带或靠窗地带，以及室内后部地带等区别，各个位置的环境如采光效率、交通影响、室外景观各不相同，应结合使用要求，使不同家具的位置在室内各得其所。

2. 方便使用，节约劳动

同一室内的家具在使用上都是相互联系的，如餐厅中餐桌、餐具和食品柜，书桌和书架，厨房中洗、切等设备与橱柜、冰箱、灶具等的关系，它们的相互关系是根据人们在使用过程中达到方便、舒适、省时、省力的活动规律来确定的。

3. 丰富空间，改善空间

空间是否完善，只有当家具布置以后才能真实地体现出来。如果在未布置家具前，原来的空间有过大、过小、过长、过狭等缺陷的感觉，经过家具布置后，可能会使空间改变原来的面貌而恰到好处，因此，家具不但丰富了空间内涵，而且常是借以改善空间、弥补空间不足的一个重要因素。人们应根据家具的不同体量大小、高低，结合空间给予合理的、相适应的位置，对空间进行再创造，使空间在视觉上达到良好的效果。

4. 充分利用空间，重视经济效益

建筑设计中的一个重要问题就是经济问题，这在市场经济中更显得重要。合理压缩非生产性面积，充分利用使用面积，减少或消灭不必要的浪费面积，对家具布置提出了相当严峻甚至苛刻的要求。我们应在重视社会效益、环境效益的基础上，充分发挥单位面积的使用价值。特别对大量性建筑来说，如居住建筑，充分利用空间应该作为评判设计质量优劣的一个重要指标。

三、家具布置的基本方法

现代家具布置的基本方法应该从布置格局、风格等方面考虑，应结合空间的性质和特点，确立合理的家具类型和数量，根据家具的单一性或多样性，明确家具布置范围，达到功能分区合理。组织好空间活动和交通路线，使动、静分区分明，分清主体家具和从属家具，使相互配合，主次分明。安排组织好空间的形式、形状和家具的组、团、排的方式，达到整体和谐的效果。从空间形象和空间景观出发，使家具布置具有规律性、秩序性、韵律性和表现性，获得良好的视觉效果和心理效应。我们在设计布置家具的时候，特别在公共场所，应适合不同人们的心理需要，充分认识不同的家具设计和布置形式代表了不同的含义，比如，家具一般有对向式、背向式、离散式、内聚式、主从式等布置，它们所产生的心理作用是各不相同的。

从家具在空间中的位置，其布置方式可分为：① 周边式。即留出中间空间位置，空间相对集中，易于组织交通，为举行其他活动提供较大的面积，便于布置中心陈设。（图8-4-7）② 岛式。将家具布置在室内中心部位，留出周边空间，强调家具的中心地位，显示其重要性和独立性，周边供交通之用，保证了中心区不受干扰和影响。（图8-4-8）③ 单边式。将家具集中在一侧，留出另一侧空间（常成为走道）。工作区和交通区截然分开，功能分区明确，干扰小，交通成为线形，当交通线布置在房间的短边时，交通面积最为节约。（图8-4-9）④ 走道式。将家具布置在室

图8-4-7　周边式布局设计

图8-4-8　岛式布局设计

图8-4-9　单边式布局设计

内两侧，中间留出走道。节约交通面积，交通对两边都有干扰，一般客房活动人数少，都这样布置。（图8-4-10）

图8-4-10　走道式布局设计

从家具布置与墙面的关系，家具布置方式可分为：① 靠墙布置。充分利用墙面，使室内留出更多的空间。② 垂直于墙面布置。考虑采光方向与工作面的关系，起到分隔空间的作用。③ 临空布置。用于较大的空间，形成空间中的空间。

从家具布置格局，其布置方式可分为：① 对称式。显得庄重、严肃、稳定而静穆，适合于隆重、正规的场合。② 非对称式。显得活泼、自由、流动而活跃。适合于轻松、非正规的场合。③ 集中式。常适合于功能比较单一、家具品类不多、房间面积较小的场合，组成单一的家具组。④ 分散式。常适合于功能多样、家具品类较多、房间面积较大的场合，组成若干家具组、团。

不论采取何种形式，均应有主有次，层次分明，聚散相宜。

第五节 现代室内陈设的作用和分类

现代室内陈设以表达一定的思想内涵和精神文化为着眼点，起着其他物质功能所无法代替的作用。从表面上看，现代室内陈设的作用是点缀室内空间、丰富视觉效果，但在实质上，它的最大作用是增进生活环境的性格和品质，不仅具有观赏作用，还有怡情遣兴、陶冶性情的效果，而且具有表达精神思想的作用。它为人们提供直接的自我表现手段，其内涵已超出美学范畴而成为某种精神的象征。

一、现代室内陈设的作用

陈设是现代室内环境中的一个重要内容，其形式多种多样，内容丰富广泛，是现代室内环境中不可分割的一个部分，对室内设计的成功与否有着重要的意义。

1. 增强空间内涵

现代室内陈设有助于使空间充满生机和人情味，并创造一定的空间内涵和意境，如纪念性建筑、传统建筑、一些重要的旅游建筑常常借助室内陈设创造特殊的氛围。如北京卢沟桥中国人民抗日战争纪念馆入口序厅，大厅正面墙上镶嵌着一幅名为《铜墙铁壁》的巨大铜塑，序厅两侧设置有"义勇军进行曲"和"八路军进行曲"壁饰。整个入口序厅的室内环境色彩由红、黑、白与铜色组成，追求的是纯净、简洁、粗壮与厚朴的效果，每个细部的陈设处理都渗透出中国人民战胜外敌的力量和悲壮的激情，使参观者在这里得到心灵的震撼。特别是序厅顶棚悬挂的吊钟，更是为人们提供了"警钟长鸣"的警示。（图8-5-1）

2. 烘托室内气氛、创造环境意境

气氛即内部空间环境给人的总体印象。如欢快热烈的喜庆气氛，亲切随和的轻松气氛，深沉凝重的庄严气氛，高雅清新的文化艺术气氛等。而意境则是内部环境所要集中体现的某种思想和主题。与气氛相比较，意境不仅被人感受，还能引人联想给人启迪，是一种精神世界的享受。例如人民大会堂顶部灯具的陈设形式——以五角星灯具为中心，围绕着五星灯具布置"满天星"，使人很容易联想到在党中央的领导下"全国人民大团结"的主题，烘托出一种庄严的气氛。（图8-5-2）盆景、字画古陶与传统样式的家具相组合，创造出一种古朴典雅的艺术环境气氛。而在现代室内空间设计

图8-5-1 中国人民抗日战争纪念馆

图8-5-2 人民大会堂顶部

中，就可以采用色调自然素净和具有时代特色的陈设品来创造富有现代气氛的室内环境。（图8-5-3、图8-5-4）

件的限制，在陈设品的选择上往往大相径庭，从而形成了多种多样的室内设计风格。（图8-5-5—图8-5-7）

图8-5-3 现代室内空间设计

图8-5-5 现代室内空间设计

图8-5-4 现代室内空间设计

图8-5-6 现代室内空间设计

3. 强化室内风格

陈设品本身的造型、色彩、图案、质感均具有一定的风格特征，所以，它对现代室内环境的风格会进一步加强。古典风格通常装潢华丽、浓墨重彩，家具样式复杂，材质高档做工精美。现代空间装饰形象及处理手法等建筑及室内的语言符号被重新组合起来运用，如在内部的装修中采用欧式风格，在陈设中则大量放置仿欧家具。现代风格更接近于人民大众，在新时代里，线条、色彩、光线和空间开始了新的对话，营造出了室内空间的现代气氛。处于不同社会阶层的人们，由于物质条件和自身条

图8-5-7 现代室内空间设计

4. 调节柔化空间

现代室内环境常常充斥着钢筋混凝土、玻璃幕墙、不锈钢等硬质材料，使人感到沉闷、呆板、与自然隔离；而陈设品的介入，能弥补这方面的不足，调节和柔化室内空间环境，使空间充满柔和与生机、亲切和活力。例如织物的柔软质地，使人有温暖亲切之感；室内陈列的日用器皿，使人颇觉温馨；室内的花卉植

物，则使空间增添了几分色彩和灵气。现代室内环境的色彩有很大一部分由陈设物决定，因此，对陈设应进行总体控制与把握，即室内空间色应统一协调。陈设品千姿百态的造型和丰富的色彩赋予室内以生命力，使环境生动活泼起来，能起到调节柔和空间的作用。（图8-5-8、图8-5-9）

5.反映民族特色，陶冶个人情操

民族这一概念，一般指的是共同的地域环境、生活方式、语言、风俗习惯以及心理素质的共同体。这一点在陈设品中应予以足够的重视。例如自视为龙凤后代的汉民族，大量装

饰纹样中都有龙凤、祥云等题材。著名的塔尔寺，地处青藏高原，采用悬挂各种幛幔及彩绸天棚，藏毯裹柱等来装饰室内空间，一方面对建筑物起到了防风沙的保护作用，另一方面也形成了宗教建筑的独特风格。另外，一些嗜好珍藏物品的人家，常常就在自己的家中挂满珍藏的嗜好物品，使室内空间反映出主人的爱好和个性。在室内环境中，格调高雅、造型优美、具有一定文化内涵的陈设品能使人们产生怡情遣性、陶冶情操的感受，这时陈设品已经超越其本身的美学价值而表现出较高的精神境界。（图8-5-10—图8-5-12）

图8-5-8 室内陈设设计

图8-5-10 现代室内空间设计

图8-5-9 上海柏悦酒店设计

图8-5-11 现代室内空间设计

图8-5-12 现代室内陈设设计

陈设品作为现代室内环境的重要组成部分，在现代室内环境中占据着重要地位，也起着举足轻重的作用。认识到陈设品的作用并在现代室内空间设计中发挥它的作用，必将创造出丰富多彩的人性空间。

二、室内陈设的类型

现代室内陈设包含的内容很多，范围极广，概括地说，一个室内空间，除了墙面、地面、顶棚以外，其余的内容均可称为陈设。概括起来可分为两大类，即功能性陈设和装饰性陈设。

功能性陈设，是具有一定实用价值且有具有一定的欣赏价值或装饰作用的陈设品，如家用电器、灯具、器皿、织物、书籍等。它们既是人们日常生活的必需品，具有极强的实用性；另一方面，又能起到美化空间的作用，如家电，代表现代科学技术的发展与进步，它造型简洁、大方，装点于室内，使空间具有强烈的时代感；灯具是现代室内空间照明不可缺少的用具，灯具及灯罩的造型、色彩、质感千变万化，花样繁多，既能照明又装点美化室内环境；织物在现代室内空间设计中，以其多彩多姿、充满生机的面貌，体现出实用和装饰相统一的特征，发挥着拓展视觉和延伸空间环境的作用，是现代室内环境中使用最广的陈设品之

一；书籍杂志作为陈设物品，有助于使室内空间增添文化气息，达到品位高雅的效果，有时也会增添些许生动的感觉。由此可见，功能性陈设主要以实用性为主，它的价值首先体现在实用性上。（图8-5-13—图8-5-15）

图8-5-13 现代室内空间设计

图8-5-14 现代室内空间设计

图8-5-15 现代室内空间设计

装饰性陈设本身是指没有使用功能而纯粹作为观赏的陈设品，如绘画艺术品、雕塑、工艺品等，这些陈设品虽然没有物质功能，却有极强的精神功能，可给现代室内空间增添不少雅趣，陶冶人的情操。如雕塑、摄影等作品，属于纯造型作品，在室内常常产生高雅的艺术气氛。剪纸、刺绣、布贴、蜡染、织锦、风筝、布老虎、香包与漆器等，它们都散发着浓郁的乡土气息，构成民族文化的一部分，同时也是现代室内空间环境中很好的陈设物品；

观赏动植物，可给室内空间注入生动活泼的气息，而且有助于静心养神、缓解人们的心理疲劳，具有其他室内陈设品不可比拟的功效。纪念陈设品，可以成为人们寄托情感的一种途径。收藏品最能体现一个人的兴趣、修养和爱好，一件很有吸引力的收藏品，则可将其布置在现代室内空间最引人注目的地方作重点陈列，能给人带来愉悦的感受。（图8-5-16、图8-5-17）

图8-5-16 JNJ上海展厅空间设计

图8-5-17 上海浦东洲际酒店设计

第六节　现代室内陈设的选择和布置原则

陈设品的选择与布置应从现代室内环境的整体性出发，在统一之中求变化。现代技术的发展和人们审美水平的提高，为室内陈设创造了十分有利的条件。室内陈设品的选择和布置，主要是处理好陈设和家具之间的关系，陈设和陈设之间的关系，以及家具、陈设和空间界面之间的关系。在具体的设计布置中，首先，陈设与室内空间的功能和室内的整体风格应协调；其次应考虑室内陈设的安全性、观赏距离和构图均衡；同时为了使意识空间层次更为丰富，室内环境中的陈设应该有主有次。

一、室内陈设的选择

陈设品的选择，除了要把握个性外，总的来说，应从室内环境的整体性出发，应在统一之中求变化，因此，对陈设品的风格、造型、色彩、质感等各方面都应加以精心推敲。

1.陈设品的风格

陈设品的风格多种多样，它最具历史代表性，又能反映民族风情和地方特色；既能代表一个时代的经济技术，又能反映一个时期的文化。陈设品的风格选择主要涉及与室内风格的关系问题，选择与室内风格协调的陈设品，可使室内空间产生统一、和谐的效果，也很容易达到整体协调，如室内风格是中国传统式的，则可选择仿宫灯造型的灯具，选一些具有中国传统特色的民间工艺品。一些清新雅致的空间则可选择一些书法、绘画或雕塑等陈设品，灯具也以简洁朴素的造型为宜。总之，陈设品的风格选择必须以室内整体环境风格作为依据，去寻求适宜的格调和个性。（图8-6-1、图8-6-2）

图8-6-1 现代室内空间设计

2. 陈设品的造型

陈设品的造型千变万化，它能给室内空间带来丰富的视觉效果，同时，也应和空间场所相协调。只有这样才能与室内使用功能相一致，形成独特的环境气氛，赋予环境深刻的文化内涵。如家用电器简洁和极具现代感的造型，各种茶具、玻璃器皿柔和的曲线美，盆景植物婀娜多姿的形态等，都会加强室内空间的形态美感。所以在现代室内设计中，应该巧妙运用陈设品千变万化的造型，采用或统一、或对比的手法，营造生动丰富的空间效果。（图8-6-3）

图8-6-2 现代室内空间设计

3. 陈设品的色彩

陈设品的色彩在室内环境中所起的作用比较大，可以采取对比的方式以突出重点，或采取调和的方式，使家具和陈设之间、陈设和陈设之间，取得相互呼应、彼此联系的协调效果。但是如果选用过多的点缀色彩，亦可能使室内空间显得凌乱。（图8-6-4）少部分陈设品，如织物中的床单、窗帘、地毯等，其色彩面积较大，常常作为室内环境的背景色来处理，应考虑与空间界面的协调。色彩又能起到改变室内气氛、情调的作用，常利用一簇鲜艳的花卉，或一对暖色的灯具，使整个室内气氛活跃起来。

图8-6-3 现代室内空间设计

图8-6-4 苏黎世25小时酒店设计

4. 陈设品的质感

制作室内陈设品的材质很多，如木质器具的自然纹理、金属器具的光洁坚硬、石材的粗糙、丝绸的细腻等，都会给人带来各方面的美感。陈设品的质感选择，应从室内整体环境出发，不可杂乱无序。原则上对于大面积的室内陈设来说，同一空间宜选用质地相同或类似的陈设以取得统一的效果，但在布置上可使部分陈设与背景形成质地对比，以便在统一之中显示出材料的本色效果。（图8-6-5）

图8-6-5 印尼泗水香格里拉大酒店酒吧设计

二、陈设品的布置

一件好的陈设品除了它本身的造型、色彩和质感设计必须完美外，布局方式也很重要。陈列得好，可以突出和加强陈设品的美感；反之，则会影响其美感效果。室内陈设是室内环境的再创造，因此在布置中应该考虑一定的原则与方式。

1. 布置原则

陈设品的布置应遵循一定的原则，概括地说有以下四点：

① 格调统一，与室内整体环境协调。陈设品的格调应遵从空间环境的主题，与室内整体环境统一，也应与其相邻的陈设、家具协调。② 构图均衡，与空间关系合理。陈设品在室内空间所处的位置，要符合整体空间的构图关系，并遵循形式美的原则，如统一变化、均衡对称、节奏韵律等，使陈设品既陈设有序，又富有变化，且具有一定的规律。③ 有主有次，使空间层次丰富。陈设品的布置应主次分明，重点突出。如精彩的陈设品应重点陈列，使其成为室内空间的视觉中心；相对次要的陈设品，则应处于陪衬地位。④ 注意效果，便于人们观赏。在布置时应注意陈设品的视觉观赏效果，如墙上挂画的悬挂高度，最好略高于视平线，以方便人们的观赏。又如鲜花的布置，应使人们能方便地欣赏到它优美的姿态，品味到它芬芳的气息。（图8-6-6—图8-6-9）

图8-6-6 现代室内空间设计

图8-6-7 现代室内空间设计

图8-6-8　现代室内空间设计

图8-6-9　现代室内空间设计

2.陈列方式

陈设品的陈列方式主要有墙面陈列、台面陈列、橱架陈列及其他各类陈列方式。

（1）墙面陈设：墙面陈设一般以平面艺术为主，如书、画、摄影、浅浮雕等，或小型的立体饰物，如壁灯、弓、剑等，也常见将立体陈设品放在壁龛中，如花卉、雕塑等，并配以灯光照明，也可在墙面设置悬挑轻型搁架以存放陈设品。墙面上布置的陈设常和家具发生上下对应关系，可以是正规的，也可以是较为自由活泼的形式，可采取垂直或水平伸展的构图，组成完整的视觉效果。墙面和陈设品之间的大小和比例关系是十分重要的，应留出相当的空白墙面，使视觉获得休息的机会。如果是占有整个墙面的壁画，则可视为起到背景装饰的作用了。此外，某些特殊的陈设品，可利用玻璃窗面进行布置，如剪纸窗花以及小型绿

化，以使植物能争取自然阳光的照射，也别具一格。（图8-6-10—图8-6-12）

图8-6-10　现代室内空间设计

图8-6-11　现代室内空间设计

图8-6-12　MSF新办公室设计

（2）台面陈列：台面陈设是室内空间中最常见、覆盖面最宽、陈设内容最丰富的陈列方式。台面陈列需要注意陈置灵活，构图均衡；色彩丰富，搭配得当；轻重相间，陈置有序；环境融合，浑然一体。它必须与人们的生活行为配合。事实上室内空间中精彩的东西不需要多，只要摆设恰当，让人赏心悦目即可。台面陈列一般需要在井然有序中求取适当的变化，并在许多陈设品中寻求和谐与自然的节奏，以让室内环境显得丰富生动，融合而情浓。（图8-6-13）

（3）橱架陈设：橱架陈列是一种兼有贮藏作用的陈列方式，可以将各种陈设品统一集中陈列，使空间显得整齐有序，对于陈设品较多的场所来说，是最为实用有效的陈列方式。陈设数量大、品种多、形色多样的小陈设品，最宜采用分格分层的搁板、博古架，或特制的装饰柜架陈列展示，这样可以达到多而不繁、杂而不乱的效果。橱架陈列有单独陈列和组合陈列两种方式。橱架的造型、风格与色彩等都应视陈列的内容而定，如陈列古玩，则橱架以稳重的造型、古典的风格、深沉的色彩为宜；若陈列的是奖杯、奖品等纪念品，则宜以简洁的造型，较现代感的风格为宜，色彩则深、浅皆宜；除此之外，还要考虑橱架与其他家具以及室内整体环境的协调关系，力求整体上与环境统一，局部则与陈设品协调。

（图8-6-14、图8-6-15）

（4）其他陈列方式：除了上述几种最普遍的陈列方式外，还有地面陈列、悬挂陈列、窗台陈列等方式。如对于有些尺寸较大的陈设品，可以直接陈列于地面，如灯具、

图8-6-13 现代室内空间设计

图8-6-14 现代室内空间设计

图8-6-15 现代室内空间设计

钟、盆栽、雕塑艺术品等；有的电器用品如音响、大屏幕电视机等，也可以采用地面陈列的方式。悬挂陈列的方式在公共室内空间中常常使用，如大厅内的吊灯、吊饰、帘幔、标牌、植物等。在居住空间中也有不少悬挂陈列的例子，如吊灯、风铃、垂帘、植物等。窗台陈列方式以布置花卉植物为主，当然也可陈列一些其他的陈设品，如书籍、玩具、工艺品等。窗台陈列应注意窗台的宽度是否足够陈列，否则陈设品易坠落摔坏，同时要注意陈设品的设置不应影响窗户的开关使用。（图8-6-16—图8-6-18）

图8-6-17 香港W酒店设计

图8-6-18 美国丹佛艺术博物馆设计

图8-6-16 现代室内空间设计

第九章

现代室内绿化与庭园设计

室内绿化在我国的发展历史悠远，最早可追溯到新石器时代。河北望都一号东汉墓的墓室内有盆栽的壁画，绘有内栽红花绿叶的卷沿圆盆，置于方形几上，盆长椭圆形，内有假山几座，长有花草。另一幅也画着高髻侍女，手托莲瓣形盘，盘中有盆景，长有植物一棵，植株上有绿叶红果。唐章怀太子李贤墓，甬道壁画中，画有仕女手托盆景。可见当时已有山水盆景和植物盆景。东晋王羲之《柬书堂贴》提到莲的栽培，"今岁植得千叶者数盆，亦便发花相继不绝"，这是有关盆栽花卉的最早文字记载。在西方，古埃及画中就有列队手擎种在罐里的进口稀有植物的人物。古希腊植物学志记载有 500 种以上的植物，并在当时能制造精美的植物容器。在古罗马宫廷中，已有种在容器中的进口植物，并在云母片作屋顶的暖房中培育玫瑰花和百合花。至意大利文艺复兴时期，花园已很普遍。

室内绿化，有时也可称为室内园艺，是指把自然界中的绿色植物和山石水体经过科学的设计、组织所形成的具有多种功能的内部自然景观。室内绿化能够给人带来一种生机勃发、生气盎然的环境气氛。随着城市化进程的加快，人与自然日趋分离，所以今天人们更加渴望能在现代室内空间中欣赏到自然的景象，享受到绿色植物带来的清新气息。现代室内绿化在今天已引起世界各国的普遍重视，生机盎然的室内绿化已经超出其他一切室内陈设物品的作用，成为室内环境中具有生命活力的设计元素。

第一节 室内绿化的作用

一、调节室内小气候、净化空气

绿化的生态功能是多方面的，植物经过光合作用可以吸收二氧化碳，释放氧气，从而使大气中氧和二氧化碳达到平衡。同时通过植物的叶子吸热和水分蒸发可降低气温，因此，现代室内绿化有助于调节室内的温度、湿度，净化室内空气质量，改善室内空间小气候。花草树木还具有良好的吸声作用，有些室内植物能够降低噪声的能量，若靠近门窗布置绿化还能有效地阻隔传入室内的噪声；另外，某些植物，如夹竹桃、梧桐、棕榈、大叶黄杨等可吸收有害气体，有些植物的分泌物，如松、柏、樟桉、臭椿、悬铃木等具有杀灭细菌作用，从而净化空气，减少空气中的含菌量，同时植物又能吸附大气中的尘埃，从而使环境得以净化。

二、组织室内、引导空间

1. 利用绿化，过渡和延伸室内外空间

利用绿化联系室内外空间，更鲜明、更自然、更亲切。许多公共厅堂常利用绿化的方式，将植物引进室内，使内部空间兼有外部空间的因素，达到内外空间的过渡。其手法常有：在入口处布置盆栽或小花池，在门廊的顶棚上或墙上悬吊植物，在进厅等处布置花卉树木等。这几种手法都能使人从室外进入建筑内部时，有一种自然的过渡和连续感。借助绿化使室内外景色通过通透的围护体互渗互借，可以增加空间的开阔感和层次变化，使室内有限的空间得以延伸和扩大，通过连续的绿化布置，强化室内外空间的联系和统一。（图9-1-1、图9-1-2）

2. 限定、分隔室内空间

在同一的现代空间中不同的绿化组合，可以组成不同的空间区域，能使各部分既保持各自的功能作用，又不失整体空间的开敞性和完整性。以绿化分隔空间的范围是十分广泛的，如餐厅中以绿色植物作为餐台的就餐空间隔断，既有效地划分范围却不会产生封闭，保持空间通透顺畅；在两厅室之间、厅室与走道之间以及在某些大的厅室内需要分隔成小空间的，也可用这一方法，如办公室、展厅等；此外在某些空间或场地的交界线，如酒店大堂的接待区与休息区之间、室内地坪高差交界处等，都可用绿化进行分隔。（图9-1-3、图9-1-4）

3. 提示、引导室内空间

由于室内绿化具有观赏的特点，能强烈吸引人们的注意力，因而常能巧妙而含蓄地起到提示与指向的作用。酒店、餐厅往往从大门口就开始摆放鲜花、绿色植物等，并由门外

图9-1-1 2014青岛世界园艺博览会红豆杉展馆室内空间设计

图9-1-2 现代室内空间绿化设计

图9-1-3 现代室内空间绿化设计

图9-1-4 现代室内空间绿化设计

一直朝门内延伸布置摆放，绿化在室内的连续布置，从一个空间延伸到另一个空间，特别在空间的转折、过渡、改变方向之处，更能发挥整体效果。绿化布置的连续和延伸，如果有意识地强化其突出、醒目的效果，那么，通过视线的吸引，往往能够起到暗示和引导空间的作用。（图9-1-5、图9-1-6）

4. 利用绿化，突出室内空间的重点

对于室内空间的重要部位或重要视觉中心，如正对出入口、楼梯进出口处、主题墙面等必须引起人们注意的位置，可利用绿化起到强化空间、突出重点的作用。如宾馆、写字楼的大堂中央常常设计摆放一盆精致修剪过的鲜花，作为室内装饰，点缀环境，形成空间中心；交通中心或走廊尽端的靠墙位置，也常作为厅室的趣味中心而加以特别装点。这里应说明的是，位于交通路线的一切陈设，包括绿化在内，必须做到不妨碍交通和紧急疏散时不致成为绊脚石，并按空间大小形状选择相应的植物。如放在狭窄的过道边的植物，不宜选择低矮、枝叶向外扩展的植物，否则，既妨碍交通又会损伤植物，因此应选择与空间更为协调的修长的植物。（图9-1-7—图9-1-10）

图9-1-5 现代室内空间绿化设计

图9-1-6 现代室内空间绿化设计

图9-1-7 现代室内空间绿化设计

图9-1-8 Tori Torii餐厅室内绿化设计　　图9-1-9 eneco鹿特丹总部室内绿化设计　　图9-1-10 苏州博物馆室内绿化设计

三、柔化空间、增添生气

现代建筑空间大多是由直线形框架构件组合的几何体，给人以生硬冷漠之感。利用室内绿色植物特有的曲线、多姿的形态、柔软的质感、五彩缤纷的色彩和生动的影子，与冷漠、僵硬的建筑几何形体和线条形成强烈的对比，可以改变人们对空间的印象，并产生柔和的情调，从而改善空间呆板、生硬的感觉，使人感到亲切宜人。例如，乔木或灌木可以其柔软的枝叶覆盖室内的大部分空间；蔓藤植物，以其修长的枝条，从这一墙面伸展至另一墙面，或由上而下吊垂在墙面、柜架上，如一串翡翠般的绿色枝叶装饰着，这是其他任何饰品、陈设所不能代替的。植物的自然形态，以其特殊色质与建筑在形式上取得协调，在质地上又起到刚柔对比的特殊效果，通过植物的柔化作用补充色彩，美化空间，使室内空间充满生机。（图9-1-11—图9-1-13）

四、美化环境、陶冶情操

绿化是最富有生气、最富有变化的现代室内装饰物，它除了利用自身的形态美，包括体量、形态、色彩、肌理和气味等为人们创造美感，同时还通过不同的配置组合方式与所处环境有机结合为一个整体，从而形成优美的环境，同时可以获得与大自然异曲同工的效果。现代室内绿化形成的空间美、时间美、形态美、韵律美和艺术美都极大地丰富和加强着室内环境的表现力和感染力，从而使室内空间具有自然的气氛和意境，满足人们的精神要求。当人们紧张劳作一天回到家中，能嗅到植物馨香，观其生机，可以舒缓每天繁忙工作的疲劳和压力。现代室内绿

图9-1-11　新加坡158 CECIL STREET室内立体绿化设计

图9-1-12　Longwood Gardens公园行政大楼绿化设计

图9-1-13　现代室内空间绿化设计

化让这种大自然的美融入室内环境中，对人们的性情、爱好都有潜移默化的调节作用。（图9-1-14—图9-1-16）

图9-1-15 现代室内空间绿化设计

图9-1-14 现代室内空间绿化设计

图9-1-16 现代室内空间绿化设计

第二节 现代室内绿化的生态条件与布置方式

一、现代室内绿化的生态条件

为了保证植物在室内环境能有一个良好的生态条件，除需要科学地选择植物和注意养护管理之外，还需要通过现代化的人工设备来改善室内光照、温度、湿度、通风等条件，从而创造出既利于植物生长，又符合人们生活和工作要求的人工环境。

（1）光照：光是绿色植物生长的首要条件，它既是生命之源，也是植物生活的直接能量来源。从相关资料来看，一般认为低于300lx的光照强度，植物就不能维持生长。然而不同的植物对光照的需求是不一样的，生态学上按照植物对光照的需求将其分为三类，其中阳性植物是指需较强的光照，在强光（全日照70%以上）环境中才能生长健壮的植物；阴性植物是指在较弱的光照条件下（为全日照的5%~20%）比强光下生长良好的植物；耐阴植物则是指需要光照在阳性和阴性植物之间，对光的适应幅度较大的植物。显然，用于室内的植物主要应该采用阴性植物，也可使用部分耐阴植物。

（2）温度：温度变化将直接影响植物的光合作用、呼吸作用、蒸腾作用等，所以温度成为绿色植物生长的第二重要条件。一般的室内温度基本适合于绿色植物的生长，考虑到人的舒适性，室内绿色植物大多选择原产于热带和亚热带的植物品种。一般其室内的有效生长温度以18～24℃为宜，夜晚也要求高于10℃。

（3）湿度：室内空气的湿度过低不利植物生长，过高人们会感到不舒服，一般控制在40%～60%对两者均有利。室内造景时，设置水池、叠水瀑布、喷泉等均有助于提高空气湿度。如无这些设备时，增加喷雾，湿润植物周围地面及套盆栽植也有助于提高空气湿度。

（4）通气：风是空气流动而形成的，对于气体交换、植物的生理活动、开花授粉等都很有益处。在室内环境中由于空气流通性差，常常导致植物生长不良，甚至发生叶枯、叶腐、病虫滋生等现象，因此要通过开启窗户来进行调节。阳台、窗口等处空气比较流通，有利于植物的生长；墙角等地通风性差，这些地方摆放的室内盆栽植物最好隔一段时间就搬到室外去通通气，以利于继续在室内环境中摆放。许多室内绿化植物对室内废气都很敏感，为此室内空间应该尽量勤通风换气。此外，可设置空调系统及冷、热风口予以调节。

（5）土壤：土壤是绿色植物的生长基础，它为植物提供了生命活动必不可少的水分和养份。种植室内植物的土壤应以结构疏松、透气、排水性能良好，又富含有机质的土壤为好。土中应含有氮、磷、钾等营养元素，以提供生长、开花所必须的营养。盆栽植物用土，必须选用人工配制的培养土。理想的培养土应富含腐殖质，土质疏松，排水良好，干不裂开，湿不结块，能经常保持土壤的滋润状态，利于根部生长。此外，土壤的酸碱度也影响着花卉植物的生长和发育，应该引起注意。

二、现代室内绿化的布置方式

在现代室内空间中布置绿色植物，首先要考虑室内空间的性质、用途，然后根据植物的尺度、形状、色泽、质地，充分利用墙面、顶面、地面来布置植物，达到组织空间、改善空间和渲染空间的目的。室内植物布局的方式多种多样、灵活多变，从其形态上可将之归纳为以下四种形式。

（1）点状布局。

这种布局常常用于现代室内空间的重要位置，除了能加强室内的空间层次感以外，还能成为室内的景观中心，因此，在植物选用上更加强调其观赏性。点状绿化可以是大型植物，也可以是小型花木。大型植物通常放置于大型厅堂之中；而小型花木，则可置于较小的房间里，或置于几案上或悬吊布置。点状绿化是室内绿化中运用最普遍、最广泛的一种布置方式。（图9-2-1、图9-2-2）

图9-2-1 现代室内空间绿化设计

图9-2-2 阿姆斯特丹弗莱彻酒店绿化设计

（2）线状布局。

线状布局指绿化呈线状排列的形式，有直线式或曲线式之分。其中直线式是指用数盆花木排列于窗台、阳台、台阶或厅堂的花槽内，组成带式、折线式，或呈方形、回纹形等。直线式布局能起到区分室内不同功能区域、组织空间、调整光线的作用。而曲线式则是指把花木排成弧线形，如半圆形、圆形、S形等多种形式，且多与家具结合，并借以划定范围，组成较为自由流畅的空间。另外可利用高低植物创造有韵律、高低相间的花木排列，形成波浪式绿化，这也是垂面曲线的一种表现形态。（图9-2-3、图9-2-4）

（3）面状布局。

它通常由若干个点组合而成，多数用作背景，这种绿化的体、形、色等都应以突出其前面的景物为原则。有些面状绿化可能用于遮挡空间中有碍观瞻的东西，这个时候它就不是背景而是空间内的主要景观点了。植物的面状布局形态有规则式和自由式两种，它常用于大面积空间和内庭之中，其布局一定要有丰富的层次，并达到美观耐看的艺术效果。（图9-2-5—图9-2-7）

图9-2-5 现代室内空间绿化设计

图9-2-3 现代室内空间绿化设计

图9-2-4 现代室内空间绿化设计

图9-2-6 现代室内空间绿化设计

图9-2-7 现代室内空间绿化设计

中心位置，如大厅中央；② 处于较为主要的关键部位，如出入口处；③ 处于一般的边角地带，如墙隅。

应根据不同部位，选好相应的植物品色。但室内绿化通常总是利用室内剩余空间，或不影响交通的墙边、角隅，利用悬、吊，壁龛、壁架等方式充分利用空间，尽量少占室内使用面积。同时，某些攀缘植物又宜于垂悬以充分展现其风姿。因此，室内绿化的布置，应从平面和垂直两方面进行考虑，使之形成立体的绿色环境。

（4）综合布局。

综合布局是指由点、线、面有机结合构成的绿化形式，是室内绿化布局中采用最多的方式。它既有点、线，又有面，且组织形式多样，层次丰富。布置中应注意高低、大小、聚散的关系，并需在统一中有变化，以传达出室内绿化丰富的内涵和主题。（图9-2-8、图9-2-9）

另外，也可根据绿化的作用和地位对其分类。室内绿化的布置在不同的场所有不同的要求，应根据不同的任务、目的和作用，采取不同的布置方式，随着空间位置的不同，绿化的作用和地位也随之变化：① 处于重要地位的

图9-2-8 现代室内空间绿化设计

图9-2-9 新加坡樟宜3号候机楼绿化设计

第三节 现代室内绿化植物的种类与选择

一、室内绿化植物的种类

室内植物的种类很多，根据植物的观赏特性及室内造景的需要，可以把室内植物分为室内自然生长植物和仿真植物等两大类。

1. 室内自然生长植物

室内自然生长植物从观赏角度来看可分为观叶植物、观花植物、观果植物、闻香植物、藤蔓植物、室内树木与水生植物等种类。

（1）观叶植物：指以植物的叶茎为主要观赏特征的植物类群。此类植物叶色或青翠、或红艳、或斑斓，叶形奇异，叶繁枝茂，有的还四季常青，经冬不凋，清新幽雅，极富生气。其代表性的植物品种有文竹、吊兰、竹子、芭蕉、吉祥草、万年青、天门冬、石菖蒲、常春藤、橡皮树、难尾仙草、蜘蛛抱蛋等。（图9-3-1、图9-3-2）

（2）观花植物：此类植物按照形态特征又分为木本、草本、宿根、球根四大类。代表性植物有玫瑰、玉兰、迎春、翠菊、一串红、美女樱、紫茉莉、凤仙花、半枝莲、石竹、玉簪、蜀葵、唐菖蒲、大丽花等。（图9-3-3、图9-3-4）

（3）观果植物：此类植物春华秋实，结果累累，有的如珍珠，有的似玛瑙，有的像火炬，色彩各异，可赏可食。代表性植物有石榴、枸杞、火棘、天竺、金桔、玳玳、文旦、佛手、紫珠、金枣等。（图9-3-5、图9-3-6）

（4）藤蔓植物：此类植物包括藤本和蔓生性两类。前者又有攀援型和缠绕型之分，如常春藤类、白粉藤类、龟背竹和绿萝等属攀援型；而文竹、金鱼花、龙吐珠等属缠绕

图9-3-1

图9-3-2

图9-3-3

图9-3-4

图9-3-5

图9-3-6

型。后者指有葡萄茎的植物，如吊兰、天门冬。藤蔓植物大多用于室内垂直绿化，多作背景并有吸引人的特征。（图9-3-7、图9-3-8）

（5）闻香植物：此类植物花色淡雅，香气幽远，沁人心脾，既是绿化、美化、香化居室的材料，又是提炼天然香精的原料。代表性植物有茉莉、白兰、珠兰、米兰、栀子、桂花等。（图9-3-9、图9-3-10）

（6）室内树木：此类植物除了观叶植物的特征外，树形是一个最重要的特征，有棕榈形，如棕榈科植物、龙血树类、苏铁类和桫椤等植物；圆形树冠，如白兰花、桂花、榕树类；塔形，如南洋杉、罗汉松、塔柏等。（图9-3-11、图9-3-12）

（7）水生植物：此类植物有漂浮植物、浮叶根生植物、挺水植物等几类，在室内水景中可引入这些植物以创造更自然的水景。漂浮植物如凤眼莲、浮萍植于水面；浮叶根生的睡莲植于深水处；水葱、旱伞草、慈姑等挺水植物植于水际；再高还可植日本玉簪、葛尾等湿生性植物。水生植物大多喜光，随着近年来采光和人工照明技术的发展，水生植物正在走向室内，逐渐成为室内环境美化中的一员。（图9-3-13）

图9-3-7　　　　图9-3-8

图9-3-9　　　　图9-3-10

图9-3-11　　　　图9-3-12

图9-3-13

143

2. 室内仿真植物

仿真植物是指用人工材料如塑料、绢布等制成的观赏性植物，也包括经防腐处理的植物体经再组合后形成的仿真植物。随着制作材料及技术的不断改善，加上一般家庭和单位没有足够的资金提供植物生存所需的环境条件，使得这种非生命植物越来越受到人们的欢迎。虽然仿真植物在健康效益、多样性方面不如具有生命力的室内绿化植物，但在某些场合确实比较适用，特别在光线阴暗处、光线强烈处、温度过低或过高的地方、人难到达的地方、结构不宜种植的地方、特殊环境以及养护费用少的情况下具有很强的实用价值。

二、室内绿化植物的选择

由于各种植物自身生长特征的差异，所以对环境有不同的要求。现代室内绿色植物的选择依据，应选择能忍受低光照、低湿度、耐高温的植物，一般说来，观花植物比观叶植物需要更多的细心照料。因此，每个特定的室内环境又反过来要求有不同品种的植物与之配合，所以室内绿色植物的选择依据包括：

（1）首先需要考虑建筑的朝向，并需注意室内的光照条件，这对于永久性室内植物尤为重要，因为光照是植物生长最重要的条件。如加强室内外空间联系，尽可能创造开敞和半开敞空间，提供更多的日照条件，采用多种自然采光方式，尽可能挖掘和开辟更多的地面或楼层的绿化种植面积，布置花园、增设田台，选择在适当的墙面上悬置花槽等，创造具有绿色空间特色的建筑体系。同时室内空间的温度、湿度也是选用植物必须考虑的因素。因此，季节性不明显、容易在室内成活、形态优美、富有装饰性的植物是室内绿色植物的必要条件。

（2）给室内创造怎样的气氛和印象。这就要考虑植物的形态、质感、色彩是否与建筑的用途和性质相协调。不同的植物形态、色泽、造型等都表现出不同的性格、情调和气氛，如庄重感、雄伟感、潇洒感、抒情感、华丽感、淡泊感、幽雅感等，应和室内要求的气氛达到一致。从植物的色彩考虑，应和整个室内色彩取得协调。由于今日可选用的植物多种多样，对多种不同的叶形、色彩、大小应予以组织和简化，过多的对比会使室内显得凌乱。现代室内为引人注目的宽叶植物提供了理想的背景，而古典传统的室内可以与小叶植物更好地结合。不同的植物形态和不同室内风格有着密切的联系。

（3）在空间的作用。如分隔空间，限定空间，引导空间，填补空间，创造趣味中心，强调或掩盖建筑局部空间，以及植物成长后的空间效果等。因此，还应注意植物大小与空间体量相适应。一般把室内植物分为大、中、小三类，小型植物在0.3m以下，中型植物为0.3 ~ 1m，大型植物在1m以上。植物的大小应和室内空间尺度以及家具获得良好的比例关系，这就要求考虑不同尺度植物的不同位置和摆法。一般大型盆栽宜摆在地面上或靠近厅堂的墙、柱和角落。这样做的好处是盆栽的主体接近人们的视平线，有利于观赏它们的全貌。中等尺寸的盆栽可放在桌、柜和窗台上，使它们处在人们的视平线之下，显出它们的总轮廓。小型盆栽可选用美观的容器，放在搁板、柜橱的顶部，使植物和容器作为整体供人们观赏。

（4）与室外的联系。如面向室外花园的开敞空间，季节效果也是值得考虑的因素，利用植物季节变化形成典型的春花、夏绿、秋叶、冬枝等景色效果，使室内空间产生不同的情调和气氛，使人们获得四季变化的感觉。被选择的植物应与室外植物取得协调。植物的容器、室内地面材料应与室外取得一致，使室内空间有扩大感和整体感。

（5）养护问题。包括修剪、绑扎、浇水、施肥。对悬挂植物更应注重采取相应供水和排水的办法，避免冷气和穿堂风对植物的伤害，对观花植物予以更多的照顾。

（6）室内植物的选用还应与文化传统及人们的喜好相结合。如我国传统文化称荷花为"出污泥而不染，濯清涟而不妖"，以象征高

尚的情操；称竹为"未曾出土先有节，纵凌云霄也虚心"，以象征高风亮节的品质；称松、竹、梅为"岁寒三友"，梅、兰、竹、菊为"四君子"；喻牡丹为高贵，石榴为多子，萱草为忘忧等；在西方紫罗兰为忠实永恒，百合花为纯洁，郁金香为名誉，勿忘草为勿忘我等。

此外，注意少数人对某种植物的过敏性问题。要避免选用高耗氧、有毒性的植物，这类植物特别不应出现在居住空间中，以免造成意外。

第四节 现代室内山水的类型与配置

山石与水体是除了绿色植物之外最重要的室内绿化构成要素，山石与水体在设计中又是相辅相成的。水体的形态常常为山石所制约，以池为例，或圆或方，皆因池岸而形成；以溪为例，或曲或直，亦受堤岸的影响；瀑布的动势亦与悬崖峭壁有关；石缝中的泉水正因为有石壁作为背景才显得有情趣。所以在室内绿化中，两者的配置多数结合在一起，所谓"山因水活""水得山而媚"。

一、现代室内山石的类型与配置

山石是重要的造景素材，古有"园可无山，不可无石""石配树而华，树配石而坚"之说，所以室内常用石叠山造景，或供几案陈列观赏。能作石景或观赏的素石称为品石。选择品石的传统标准为"透、瘦、漏、皱"四个字。现代选择品石的标准自然不必拘泥于以上四个字，只要与建筑内部空间的性质、功能及造型相配就可以了。

1.现代室内山石的类型

（1）太湖石：因盛产于太湖地区而古今闻名，它的特点是质坚表润，嵌空穿眼，纹理纵横，连联起隐，叩击有声。它原产自西洞庭湖，石在水中因波浪激啮而嵌空，经久浸濯而光莹。现在还有一种广义上的太湖石，即把各地产的由岩溶作用形成的千姿百态的碳酸盐岩统称为"太湖石"。（图9-4-1）

图9-4-1

（2）锦川石：其表似松皮状如笋，俗称石笋，又叫松皮石。有纯绿色，亦有五色兼备者。新石笋纹眼嵌石子，色亦不佳；旧石笋纹眼嵌空，色质清润。以高丈余者为名贵，一般只长三尺许，室内庭园内花丛竹林间散置三两，殊为可观。（图9-4-2）

（3）英石：其石质坚而润，色泽微呈灰黑，节理天然，面有大皴小皴，多棱角，稍莹彻，峭峰如剑，岭南内庭叠山多取英石，构成峰型和壁型两类假山，另还有小而奇巧的英石，多用于室内几案小景陈设。（图9-4-3）

（4）灵璧石：又名磬石，产于安徽灵璧县浮磬山。灵璧石具有四个独特的魅力：一是无论大小，天然成形，千姿万态，并具备了"皴、瘦、漏、透"诸要件，意境悠远。

二是灵璧石的肌肤往往巉岩嶙峋、沟壑交错、粗犷雄浑、气韵苍古，纹理十分丰富，韵味十足。三是色泽以黑、褐黄、灰为主，间有白色、暗红、五彩、黑质白章，不仅多姿而且多彩。四是"玉振金声"的音质，轻击微扣，都可发出玎琮之声，余韵悠长。（图9-4-4）

（4）黄石：其质坚色黄，石纹古拙，我国很多地区均有出产。用黄石叠山，粗犷而富有野趣。（图9-4-5）

（5）花岗石：其质坚硬，色灰褐，除作山石景外，常加工成板桥、铺地、石雕及其他室内庭园工程构件和小品。岭南地区内庭常以此石做散石景，给人以旷野纯朴之感。（图9-4-6）

（6）人工塑石：以砖砌体为躯干，饰以

图9-4-2

图9-4-3

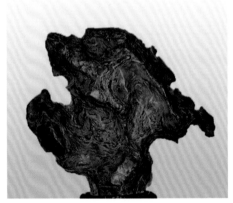
图9-4-4

图9-4-5

图9-4-6

图9-4-7

彩色水泥砂浆，山形、色质和气势颇清新，能够根据不同的室内庭景进行塑造。（图9-4-7）

2.现代室内山石的配置形式

构筑现代室内山石景观的常用手法有散置和叠石两种，其中叠石的手法应用较多，有卧、蹲、挑、飘、洞、眼、窝、担、悬、垂、跨等形式。通过散置和叠石处理后形成的山石配置形式主要有：假山、石壁、石洞、峰石与散石等。

（1）假山：在室内垒山，必须以空间高大为条件。现代室内的假山大都作为背景存在。假山一定要与绿化配置相结合才有利于远观近看，并有真实感，否则就会失去自然情趣。石块与石块之间的垒砌必须考虑呼应关系，使人感到错落有致，相互顾盼。

（2）石壁：依山的建筑可取石壁为界面，砌筑石壁应使壁势挺直如削，壁面凹凸起伏，如顶部悬挑，就会更具悬崖峭壁的气势。

（3）石洞：石洞构成空间的体量根据洞的用途及其与相邻空间的关系决定。洞与相邻空间应若断若续，形成浑然一体的效果。石洞如能引来一股水流，则更有情趣。

（4）峰石：单独设置的峰石，应选形状和纹理优美的，一般按上大下小的原则竖立，以形成动势。

（5）散石：配置散石，在室内庭园中可起到小品的点缀作用。在组织散石时，要注意大小相间、距离相宜、三五聚散、错落有致，力求使观赏价值与使用价值相结合，使人们依石可以观鱼，坐石可以小憩，扶石可以留影。配置散石要符合形式美的基本法则，在统一之中求变化，在对比之中讲和谐。散石之间、散石与周围环境之间要有整体感，粗纹的要与粗纹的相组合，细纹的要和细纹的搭配，色彩相近的最好成一组。当成组或连续布置散石时，要通过连续不断地、有规律地使用大小不等、色彩各异的散石，形成一种起伏变化秩序，做到有韵律感，有动势感。

二、室内水体的类型与配置

水是在现代建筑内外空间环境设计中运用最频繁的自然要素，它与植物、山石相比，更富于变化，更具有动感，因而就能使室内空间更富有生命力。室内水体景观还可以改善室内小气候，烘托环境气氛，形成某种特定的空间意境与效果。

1.室内水体的类型

（1）喷泉：喷泉有人工与自然之分。自然喷泉是在原天然喷泉处建房构屋，将喷泉保留在室内。人工喷泉形式种类繁多，由机械控制的喷泉，其喷头、水柱、水花、喷洒强度和综合形象都可按设计者的要求进行处理。近年来，又出现了由计算机控制的音乐喷泉、时钟喷泉、变换图案喷泉等。喷泉与水池、雕塑、山石相配，再加上五光十色

图9-4-8 现代室内空间水体设计

的灯光照射，常常能取得较好的视觉效果。
（图9-4-8）

（2）瀑布：在所有水景中，动感最强的可能要数瀑布了。在室内利用假山叠石，低处挖池作潭，使水自高处泻下，击石喷溅，俨有飞流千尺之势，其落差和水声可使室内空间变得有声有色，静中有动。（图9-4-9）

（3）水池：水池的基本特征是平和，但又不是毫无生气的寂静。室内筑池蓄水，倒影交错，游鱼嬉戏，水生植物飘香，使人浮想联翩，心旷神怡。水池的设计主要是平面变化，

图9-4-9 广州白天鹅宾馆水体设计

或方，或圆，或曲折成自然形。此外，池岸采用不同的材料，也能出现不同的风格意境。池也可因为不同的深浅而形成滩、池、潭等。（图9-4-10、图9-4-11）

图9-4-10 现代室内空间水体设计

图9-4-11 现代室内空间水体设计

（4）溪流：溪流属线形水体，水面狭而曲长。水流因势回绕，不受拘束。室内一般在大小水池之间，挖沟成涧，或轻流暗渡，或环屋回索，使室内空间变得更富有情趣。（图9-4-12）

图9-4-12 现代室内空间水体设计

（5）涌泉：涌泉是在现代建筑内部空间环境中最为活跃的室内水体景观，它能模拟自然泉景，做成或喷成水柱，或漫溅泉石，或冒地珠涌，或细流涓滴，或砌成井口栏台做甘泉景观，其景观效果极为生动、极具情趣。（图9-4-13）

2. 室内水体的配置形式

用于室内设计的水体配置形式主要包括构成主景、作为背景与形成纽带等。

图9-4-13 现代室内空间水体设计

（1）构成主景：瀑布、喷泉等水体，在形状、声响、动态等方面具有较强的感染力，能使人们得到精神上的满足，从而能构成环境中的主要景点。

（2）作为背景：室内水池多数作为山石、小品、绿化的背景，突出于水面的亭、廊、桥、岛，漂浮于水面的水草、莲花，水中的游鱼等都能在水池的衬托下格外生动醒目。水池一般多置于庭中、楼梯下、道路旁或室内外交界空间处，在室内可起到丰富和扩大空间的作用。

（3）形成纽带：在室内空间组织中，水池、小溪等可以沟通空间，成为内部空间之间、内外空间之间的纽带，使内部与外部紧紧地融合成整体，同时还可使室内空间更加丰富、更加富有情趣。

第五节　现代室内庭园设计

一、现代室内庭园的意义和作用

室内庭园是室内空间的重要组成部分，是室内绿化的集中表现，它的作用和意义不仅仅在于观赏价值，而是作为人们生活环境不可缺少的组成部分，旨在使人们更方便地获得接近自然、接触自然的机会，可享受自然的沐浴而不受外界气候变化的影响。现代室内庭园对于维护自然的生态平衡，保障人类的身心健康，改善生活环境质量等方面都有积极的作用。尤其在当前，许多室内庭园常和休息、餐饮、娱乐、歌舞、时装表演等多种活动结合在一起，为群众所乐于接受，因而也就充分发挥了庭园的使用价值。（图9-5-1）

图9-5-1 现代室内庭园设计

二、现代室内庭园的类型和组织

室内庭园类型可以从采光条件、服务范围、空间位置以及跟地面关系进行分类。

1. 按采光条件分

（1）自然采光：① 顶部采光（通过玻璃屋顶采光）。② 侧面采光（通过玻璃或开敞面）。③ 顶、侧双面采光。（图9-5-2—图9-5-4）

（2）人工照明。

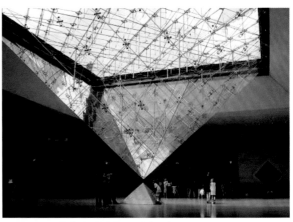

图9-5-4 现代室内空间采光设计

2. 按位置和服务分

（1）中心式庭园：庭园位于建筑中心，常为周围的厅室服务，甚至为整体建筑服务。（图9-5-5）

（2）专为某厅室服务的庭园：许多大型厅室，常在室内开辟一个专供人们观赏的小型庭园，它的位置常结合室内家具布置、活

图9-5-2 米兰新贸易会展中心采光设计

图9-5-3 彩虹巴黎餐厅采光设计

图9-5-5 现代室内空间庭园设计

动路线以及景观效果等进行选择和布置，可以在厅的一侧或厅的中央。这种庭园一般规模不大。在传统住宅中，这样的庭园，除观赏外，有时还能容纳一二人休憩其中，成为别有一番滋味的小天地。结合庭园的位置常分为前庭、中庭、后庭和侧庭。（图9-5-6、图9-5-7）

图9-5-6 现代室内空间庭园设计

图9-5-7 北京香山饭店室内庭园设计

3. 根据庭园与地面的关系分

（1）落地式庭园（或称露地庭园），庭园位于底层。

（2）屋顶式庭园（或称空中花园），庭园地面为楼面。

落地式庭园便于栽植大型乔木、灌木，一般常位于底层和门厅，与交通枢纽相结合。屋顶式庭园在高、多层建筑出现后，为

使住户仍能和生活在地面上的人一样，享受到自然，有和在地面上一样的感觉，庭园也随之上升，这是庭园发展的必然趋势，如香港中国银行在70层楼顶上建造玻璃顶室内空间，大厅中间种植两株高达五六米的榧榕树，已成为游客必来瞻仰之地。这类庭园虽然在构造、给排水、种植等方面要复杂一些，但在现代技术条件下，均得到很好的解决。（图9-5-8—图9-5-10）

图9-5-8 屋顶花园景观设计

图9-5-9 屋顶花园景观设计

图9-5-10 屋顶花园景观设计

第十章

现代室内设计经典案例赏析

一、酒店设计

1. 项目名称：香港W酒店室内空间设计

　　项目地点：中国香港　　设计单位：澳洲设计公司G+A和日本设计师森田恭通

2. 项目名称：弘元国际酒店室内空间设计

　　项目地点：山东青岛　　设计单位：青岛大学环境艺术设计研究院

二、别墅豪宅

项目名称：鲁商首府顶级别墅室内空间设计

项目地点：山东青岛　　设计单位：青岛大学环境艺术设计研究院

三、商业空间

1. 项目名称：日本高端商业空间Cosm ê me

项目地址：日本东京　　设计单位：Jaklitsch / Gardner architects

2. 项目名称：山国饮艺专卖店室内空间设计

项目地点：福建厦门　设计单位：青岛大学环境艺术设计研究院

3. 项目名称：九树原木门专卖店室内空间设计
　　项目地点：全国连锁　　设计单位：青岛大学环境艺术设计研究院

4.项目名称：张裕先锋国际酒庄联盟专卖店室内空间设计
项目地点：全国连锁　　设计单位：青岛大学环境艺术设计研究院

四、餐饮空间

1. 项目名称：南村国际文化旅游度假区盛宴殿堂

项目地点：青岛　　设计单位：青岛大学环境艺术设计研究院

2. 项目名称：全家居 新中式酒店室内空间设计

　　项目地点：山东青岛　　设计单位：青岛大学环境艺术设计研究院

五、展示空间

1. 项目名称：2014青岛世界园艺博览会红豆杉展馆展示空间设计

　项目地点：山东青岛　　设计单位：青岛大学环境艺术设计研究院

2. 项目名称：车是客室内展示空间设计
　　项目地点：山东青岛　　设计单位：青岛大学环境艺术设计研究院

六、办公空间

1. 项目名称：乐邦财富办公中心室内空间设计

项目地点： 山东青岛 设计单位：青岛大学环境艺术设计研究院

2. 项目名称：荷兰Hoofddorp博世西门子家电办公大楼

　　项目地点：荷兰　　设计单位：William McDonough + Partners与D/ DOCK

3.项目名称：东领尚座办公中心室内空间设计

项目地点：山东济南 设计单位：青岛大学环境艺术设计研究院

七、会所空间

1. 项目名称：儒仕鼎极中国文化会所
    项目地点：山东青岛　　设计单位：青岛大学环境艺术设计研究院

2. 项目名称：希尔顿大酒店会所室内空间设计
   项目地点：山东青岛　设计单位：青岛大学环境艺术设计研究院

3. 项目名称：茶皇会顶级茶会所室内空间设计
   项目地点：山东青岛　　设计单位：青岛大学环境艺术设计研究院

八、文化空间

1. 项目名称：青岛嘉峪关学校图书馆室内空间设计

　　项目地点：山东青岛　　设计单位：青岛大学环境艺术设计研究院

2. 项目名称：青岛大学美术学院展厅室内空间设计
　　项目地点：山东青岛　设计单位：青岛大学环境艺术设计研究院

3. 项目名称：山东艺术学院博物馆室内空间设计

　　项目地点：山东济南　　设计单位：青岛大学环境艺术设计研究院

九、售楼处

1. 项目名称：天洋北花园销售中心

  项目地点：北京　　设计单位：毕璐德

2. 项目名称: 重庆山与城销售中心
项目地址: 重庆 设计单位: 壹正企划有限公司

十、娱乐空间

1. 项目名称：温州宝丽金新南亚会所

   项目地点：温州　　设计单位：梁志天

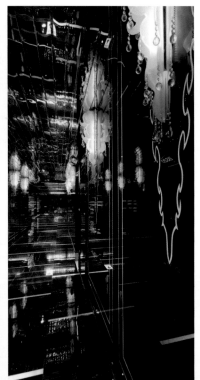

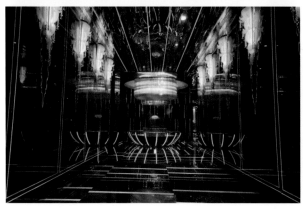

2. 项目名称：芬兰 FAT LADY 夜总会

项目地址：芬兰　设计单位：ARKKITEHTI STUDIO M&Y

参考文献

[1] 尹定邦. 设计学概论. 长沙：湖南科学技术出版社，2004.

[2] 席跃良. 环境艺术设计概论. 北京：清华大学出版社，2006.

[3] 唐开军. 家居装饰图案与风格. 北京：中国建筑工业出版社，2004.

[4] 杨琪. 艺术学概论. 北京：高等教育出版社，2007.

[5] 梁旻，胡筱蕾. 室内设计原理. 北京：人民美术出版社，2010.

[6] 黄艳. 环境艺术设计概论. 北京：中国青年出版社，2007.

[7] 吴家骅，张绮曼. 环境设计史纲. 重庆：重庆大学出版社，2002.

[8] 陈易. 室内设计原理. 北京：中国建筑工业出版社，2006.

[9] 潘谷西. 中国建筑史. 北京：中国建筑工业出版社，2010.

[10] 陈志华. 外国建筑史. 北京：中国建筑工业出版社，2010.

[11] 罗小未. 外国近现代建筑史. 北京：中国建筑工业出版社，2004.

[12] 张福昌，张彬渊. 室内家具设计. 北京：中国轻工业出版社，2001.

[13] 王朝熙. 建筑装饰装修施工工艺标准手册. 北京：中国建筑工业出版社，2004.